Iris Geiger-Musik   Gun

Das Phänomen

OTTO

Wirkungsweisen
eines schnellen Brüters

2. Auflage © Iris Geiger-Musik & Gunar Musik
ISBN

„Ich bin ein Produkt dieser Gesellschaft,
und für den Humor, der meinem Geiste entspringt,
mache ich dieses System und seine Führung
verantwortlich."
Otto Waalkes, nach: Der Spiegel, Nr. 29/85

Inhaltsverzeichnis

3

EINLEITUNG

OTTO (eigtl. O. Waalkes), *Emden 22. Jan.
1948, dt. Komiker. –
Verdiente sich seit etwa 1970 zunächst als
Entertainer sein
Studium; da seine Zwischenansagen beim Publikum besser an-
kamen als seine Lieder zur Gitarre, fing er
bald an zu "blödeln"; zahlr. Tourneen, Fern-
sehauftritte, Schallplattenaufnahmen.
(Meyers Großes Taschenlexikon, Mannheim 1981)

So weit, aber auch nicht weiter, soll auf biographische Daten zurückgegriffen werden, schließlich haben wir es im Phänomen Otto
mit einer gesellschaftlichen Einrichtung zu tun. Der sich realisie-
rende Auftritt, ganz gleichgültig in welchem Medium, beruht auf
einem intersubjektiven Kommunikationsschema, für dessen konkrete Auffüllung die entscheidenden Gegebenheiten der Werbe- und
Unterhaltungsindustrie entnommen werden. Diese Zitattechnik ist
gesellschaftlich mindestens genauso vorherbestimmt wie das Interesse für einen Antistar, der die Projektionsfläche des Kleinen, Hässlichen, Zukurzgekommenen als Markenzeichen aufbereitet hat. Der
Tanz um biographische Einzelheiten würde daher nur auf eine Form
des Starkults zurückführen, die im Phänomen Otto schon innerhalb
des Unterhaltungssektors überwunden worden ist.

"Otto, sind Sie ein Blödel?" durfte einmal 1980 bei einem Interview
der Stuttgarter Nachrichten gefragt werden, und was blöde klingt,
die Verbindung des Vornamens, der zum Markenzeichen wurde,
mit der Anrede Sie, ist gar nicht so dumm gefragt gewesen. Blöd-
elbarden hatten wir in den letzten Jahren mehrere, Blödeln war gefragt als anarchische Äußerungsform und als Entlastung von den
Anforderungen einer Vernünftigkeit, die selbst Witz und Komik
schon vereinnahmt hatte. Selbst bissigste Kritik und Publikumsbeschimpfungen haben schließlich nicht mehr gewonnen als Marktwerte, den Verdacht des allgemeinen Schwachsinns konnte vielleicht gerade das Blödeln noch dokumentieren. Und das Markenzei-

4

chen Otto passt im Medienwald so gut auf den Bedarf am Blödel, dass die Frage des Interviewpartners darauf angelegt war, das übliche Erwartungsmuster zu reproduzieren, nur die Antwort entsprach nicht den mitgebrachten Erwartungen. "Ich weiß auch nicht, was ich bin. Ich glaub eher, Interpret für geistige Entlockerungsübungen." Geistige Ent-Lockerungsübungen – hinter der bescheidenen Formel verbirgt sich eine Unmasse von Fragen: die Abgrenzung von Witz, Komik und Humor, von Blödeln und Ideologiekritik, und überhaupt der Blick auf die intensive Durchdringung all dieser Funktionen im Phänomen Otto.

Otto ist kein Blödel, auch wenn er die Freude am Schwachsinn, die anarchische Entgrenzung von Kommunikationsnormen immer wieder einsetzt, um aufzudecken, was unter dem Deckmantel angepasster Normalität an tatsächlichem Schwachsinn durch die Medienlandschaft geistert. Eben deswegen, er bleibt nicht bei der Freude am Schwachsinn hängen, sondern arbeitet an der Durchbrechung von Normen und greift dazu auf alle geeigneten Darstellungsmittel zurück. Was also auf den ersten Blick nur am chaotischen Blödsinn erinnert, erweist sich beim näheren Hinsehen als eminent durchkomponierte Folge auf einander abgestimmter Demaskierungen, die allerdings für sein Publikum immer mit den Köder der Lust am Schwachsinn verbunden werden. So liefert er die Reinkarnation des Clowns im technischen Zeitalter, wird Gummicharakter und Videopriester, gerät zum personifizierten Gewissen der Werbe- und Unterhaltungsindustrie, führt gleichzeitig die Zynismen der prostituierten Intelligenz vor und verkörpert die an der Norm schmarotzende, sie gleichzeitig aber auch unterlaufende Witz- und Traumarbeit. Traditionsketten wären zu zitieren, die Geschichte der Ideologiekritik oder die ausufernden Abgrenzungen der Ästhetiker für das Problem des Komischen, und ganz am Bodensatz dieses multimedialen Unterhaltungsaufgusses findet sich die menschheitsgeschichtliche Korrelation von heiligem Irresein und Weisheit, aus der irgendwann einmal die höchst fragliche Fähigkeit des Kritikvermögens abgezweigt werden konnte.

Für das wichtige Wechselspiel zwischen Otto und seinem Publikum, das im Folgenden immer als Phänomen Otto umschrieben werden soll, kann an einen Graffiti-Spruch erinnert werden. An mancher Mauer, auf manchem als Erkennungszeichen dienenden

Aufkleber war schon zu lesen: "Wir sind die Leute, vor denen uns unsere Eltern immer gewarnt haben." Der Wunsch hinter diesem Spruch, dass es doch so wäre und wenn auch nur für ein paar Stunden Urlaub vom Alltag, kann in vielen Fällen die Gründe für den Konsum einer Ottoshow liefern. Dort werden Entlastungen aufbereitet, die ein Realitätsprinzip unterlaufen, das nicht nur die Warnung der Eltern bedingte, sondern das die Leute längst zu denen werden ließ, denen solche Sprüche schon Erleichterung versprechen.

Vor Otto muss nicht mehr gewarnt werden. Was zum Grübeln Anlass geben könnte und was jenes Realitätsprinzip in Frage stellt, wurde zu einer Institution des Lachens. Der schnelle Brüter: Was auf den ersten Blick wie eine Konfusion wirken kann, hat damit genauso wenig zu tun, wie mit der Kernfusion – der schnelle Brüter bezeichnet die nach dem Vorbild der Witzarbeit ablaufende Technik, mit der die disparatesten Zitatmaterialien aus Werbung, Unterhaltung, Konsum und Bildung zusammen gezwungen werden, um im befreienden Gelächter erst zu zerplatzen: die Ottofusion.

MOBILISIERUNGEN – SEXUALISIERUNGEN

Es mag recht reizvoll erscheinen, die verschiedensten Fragestellungen in die materiale Nähe einer Ottoshow einzubringen. Wenn aber über die unüberprüfbaren Behauptungen hinaus zu wirklichem Verständnis gekommen werden kann, so sind dazu manche theoretischen Umwege einzuschlagen. Als Vorgeschmack der Showanalyse bietet sich vorerst an, einmal bis zur Selbstvergessenheit in die Masse der Zitate der letzten 10 Jahre einzugehen.

Bücher haben Vorreden oder Einleitungen, in denen der Leser darauf vorbereitet wird, was ihn erwartet und was er erwarten soll, und in denen manchmal verhüllter, oft aber viel unverhüllter zum Ausdruck gebracht wird, welche Bedürfnisse ernst genommen und eingelöst werden dürfen. Diesen Zweck verfolgen im Rahmen einer Ottoshow die Momente des ersten Auftauchens, der Vorstellung, der mehr oder weniger persönlichen Fühlungsnahme, die Einleitungssprüche und das ganze Signalement, bevor es richtig losgeht. Mobilisierungen, die nicht nur den ungefähren Rahmen der kommenden Show abstecken, die auch die Rolle des Publikums vorprogrammieren. Im Folgenden beziehen wir uns auf die auf den verschiedenen Platten festgehaltenen Einstimmungen. Sie sind nicht nur jederzeit nachprüfbar, von ihnen lässt sich auch ohne Schwierigkeiten der weitere Bogen auf den Gesamteindruck der jeweiligen Platte schlagen. In der Tat sind die Einleitungsszenen genauso wenig unverbindliches Geblödel wie der Rest – der Aufbau der einzelnen auf Platte zusammen geschnittenen und konservierten Show gehorcht minutiös ausgetüftelten Regeln. Die jeweilige Modifizierung des realisierten Kommunikationsschemas: Otto – Show – Publikum, ist immer schon in die ersten Minuten als Extrakt eingegangen.

Und da der Fundus der besten Gags, die Zündkraft selbst der nebensächlichen Darstellungen immer aus dem Sozialisationsgeschehen abgeleitet werden kann, verwundert es nicht, dass der eigentliche Ort der Sozialisation – "der menschliche Körper" – die zentrale Instanz abzugeben hat. Die Mobilisierung des Publikums läuft über das Spiel mit der Sexualität, und zwar wie es diesem Publikum und

7

seinem Alltagsbedarf entspricht. Über die Ersatzproduktionen, über die Verzichtleistungen, über den traurigen Niederschlag dessen, was die Zote und die Witzproduktion immer wieder neu aufreißen, weil es im alltäglichen Erfahrungshorizont mit mehr Frustration als mit Erfüllung verbunden werden muss. Während der Jahre der Shows lässt sich da sogar eine Entwicklung feststellen, aus der manche Schlüsse auf die durchschnittlichen, marktabhängigen Einschätzungen der so genannten Lebensfreude möglich sind.

'OTTO LIVE – AUDI-MAX': „Meine lieben Freunde, Sie haben Eintritt bezahlt und äh, Sie erwarten nun etwas, aber ich muss Sie leider enttäuschen, und zwar spiele ich Folklore und protestiere gegen alles und protestiere gegen die Unterarmnässe, ein Lied mit dem Titel, da hat einfach mein Deodorant versagt ..."

Nach dem Hinweis auf den durch den Kauf einer Eintrittskarte gestifteten Vertrag wird darüber hinweggetröstet, dass er nicht einzuhalten sein wird. Warum, steht gar nicht zur Debatte, es bleibt offen, ob damit die mit dem üblichen Starkult verbundenen Versprechungen demaskiert werden – kein Star kann die von ihm geweckten Wünsche auch real erfüllen – oder ob damit die Traditionslinie Folklore und Protestsong angesprochen werden soll, in die er sich einreiht. Protest und Kritikvermögen verweisen auf eine Geschichtsvorstellung, in der der Mensch zum Gestalter seiner Geschichte werden und die Abhängigkeit gegenüber einem umfassenden Geschehen durchbrechen will. Der Bezug auf die Schweißproduktion aber führt wieder auf die Übermacht der Naturgeschichte zurück und nimmt mit dem Motiv der Werbung nicht nur noch einmal das Thema der falschen Versprechungen auf, sondern zielt auch schon auf die absterbende Funktion der Kritik im Zusammenhang der Manipulationsriten von Werbe- und Unterhaltungsideologie.

Auf der Platte wiegen die Kastrations- und Impotenzdarstellungen vor und prägen damit die frühe Grundstruktur des Markenzeichens Otto. Dazu kommt noch die vorgespielte Schüchternheit, Hässlichkeit und Asexualität, die die Illusionswelt eines Antistars aufbereiten helfen und nur gelegentlich, quasi augenzwinkernd, durchbrochen werden durch den provokanten Gestus, mit dem dem Publikum von der Norm entbindende Schweinereien zugemutet werden können. Vom entmannten Tarzan über fuckingbulls, Sodomiespielen oder dem Leidensweg einer Chiquitabanane, der Impotenzumspielung einer schlapper werdenden abgewürgten Klapperschlange bis zu der Kastration eines Eunuchen. Zur Asexualität passt die ganz bewusst angesprochene Massenmobilisierung, als Beispiel dafür der Iwan Reblaussong; diesem Verhältnis wird noch genauer nachzugehen sein.

'OTTO (DIE ZWEITE)': „Viel'n Dank, lasst bitte das Haus nich' zusammenbrechen, obwohl es ein sehr gutes Image für mich wär', ich möchte mich vorstell'n, ich bin Otto, äh, zunächst einmal möcht' ich mich beim Veranstalter selbst bedanken, der Chef hier heute Abend, der ist wirklich sehr nett, man muss ihn einfach gerne hab'n, sonst schmeißt er einen raus..."

War die moderne Neuauflage der naturgeschichtlichen Abhängigkeit in der Ausprägung des Markenzeichens an die Verkrüppelung des üblichen Sozialisationsgeschehens gebunden worden, so wird hier mit der gesellschaftlich begründeten Ausgeliefertheit angefangen. Nach der überzeichneten Imagepflege, die nicht nur ein Spiel mit dem Bekanntheitsgrad ist, die auch mit dem Markenzeichen des Schwächlings wirbt und Massenbewegung stimuliert, wird der nicht mehr wegzuleugnende Star, durch den Hinweis auf das Abhängigkeitsverhältnis gegenüber einem Arbeitgeber, auf das zur Einfühlung einladende Arbeitsverhältnis seiner Fans reduziert. Wichtig ist auch die bewusste Einsetzung des Markenzeichens: Er heißt nicht Otto, er ist Otto!

Während zur Mobilisierung das erotisierende "everybody whistle" und "hot love" herhalten, ist der rote Faden dieser Show mit den verschiedensten Ansätzen zur zensierten Darstellung eines Geschlechtsaktes gegeben. Gewürzt wird das durch die Anspielungen auf das Etwas des Liebchens, den Schwanz, den Rotkäppchen auch nach dem Wunder noch in der Hand behält, den Notzuchtverbrecher und den Masturbationsgag, der zum Playboy überleitet und zu den Vollzugsschwierigkeiten bei der Menstruation einer Engländerin; dazu das Lied vom Verlierer, der sich durch sein Nichtkönnen ausnahmsweise gesundstößt, weil er sich keine Infektion holt, und das von den drei Leuten, die Drillinge fabriziert haben und sich nun die

Alimente ungerecht teilen dürfen. Zwei Spiele mit dem Rudelbums, die nebenbei auch an die Kommunikationssituation der Show anklingen: Einer führt in sublimierter Form den massenhaften Gruppensex vor.

'OH, OTTO': „Recht herzlichen Dank für den netten Applaus, freut mich, daß Sie mich wiedererkennen, darf ich Sie bitten, während dieser Vorstellung nich' mit Papierschwalben zu werfen, ich könnte mich sonst verletzen, ich begrüße heute abend auch hier die Zuschauer aus Österreich und aus der Schweiz, ich spiele heute abend zuerst einige ganz neue Lieder und dann einige Stücke, die Sie noch nicht kennen ..."

Mittlerweile ist das Spiel mit dem Bekanntheitsgrad und der Figur des Schwächlings schon derart zum Markenzeichen geworden, dass es selbst noch einmal als Norm herhalten kann, deren Durchbrechung den Eindruck der Komik hervorruft. Der Beginn mit der hohlen und sinnleer gewordenen Phrase aus dem Showgeschäft wird noch einmal aufgenommen in der übertreibenden Bezugnahme auf Eurovisionssendungen. So wenig die Unbekanntheit mit der Eurovision koordiniert werden könnte, so viel das schon über die rationalen Qualitäten der üblichen Ansagetechniken aussagt, so sehr ist die folgende Unterscheidung ernst zu nehmen und noch einmal zu bedenken. Die ganz neuen Lieder müssen nicht unbedingt unbekannt sein, mancher Hit verdankt seinen Erfolg der Tatsache, dass er einerseits an der obligatorischen modischen Neuheit teilhat, andererseits aber klingt, als hätte man ihn schon immer gekannt. Die frisch geborenen Ohrwürmer ködern immer mit Anklängen und musikalischen Zitaten früherer Ohrwürmer.

"If I had a hammer ", die sexuelle Konnexbildung beginnt bei dem jungen Mann mit Potenzstörungen, um dann zur demaskierenden Darstellung der während einem Fußballspiel ablaufenden homosexuellen Orgie überzugehen. Die Männerphantasie ist sonst immer bis zur Unkenntlichkeit im Spiel- bis Kampfcharakter verborgen, so verwundert es nicht, dass der sich als Höhepunkt dieses Spiels ergebende Orgasmus auf mehrere Spieler verteilt ist und doch noch so zensiert erscheint, dass erst die Assoziationsbeziehungen für ihn einstehen können. Die Homoerotik wird noch einmal aufgenommen im traurigen Märchen vom gestoßenen Rumpelheinzchen, während sie ins Unentschieden der durchschnittlichen Konditionsmängel abgeleitet, bei dem nicht übers Vorspiel hinauskommenden Hengst, oder mit dem Ostfriesenwitz bis zur Sodomie diffundiert. Zu dem Vorwiegen der homoerotischen Projektionsfläche passen die Mobilisierungen: "Jaa, gebt es mir", und "Ich bin noch nich' fertig."

'OTTO – DAS VIERTE PROGRAMM'. „Darf ich auch mal was sagen. Anlässlich dieser Veranstaltung heute Abend war eine Demonstration vorgesehen, und zwar die Demonstration der Jungfrauen von Hamburg, aber die ist leider ausgefallen, die eine hatte Grippe, und die andre wollt' alleine nich' los ..."

Während das Publikum bei den ersten Platten erst nach und nach in die wohlgefällige Raserei gerät, ist nun die Vorprogrammierung soweit eingesenkt, dass die Show schon mit Ottorufen und Beifallsstürmen beginnen kann. Die schüchterne Anfrage nimmt im Vorbeigehen das Markenzeichen auf, um mit dem folgenden Witz gleichzeitig das Gegenbild des Ottopublikums zu zeichnen: keine Jungfrauen.

Diese Unterstellung sexueller Erfahrungen wird nicht nur karikiert durch das Spiel mit der mit der Zeit dieses Publikums gehende Fernsehlotterie der Mönche: "Ein Platz an der Nonne"; es passt in den Rahmen einer stärkeren Sexualisierung der Figur Otto. Ob gezeigt werden soll, was das für ein Mann ist, oder abgelehnt wird "aber doch nich' hier vor den Leuten, Mensch", ob eine Reproduktion der Fußballszene abgelehnt wird oder die Mobilisierung der Schenkelresonanz zu der Überlegung führt: "Diese Begeisterung sollte man sexuell ausnutzen, aber ich schaff' sie nich' alle." Dazu gehört, dass andere Stars durch die sexuell gemünzten Attribute Loch, Feuersalamander oder fleischfressendes Gewächs gekennzeichnet werden. Im Rahmen dieser Sexualisierungen werden nun aber Alltagssituationen beschworen, deren Komik von der Einsicht lebt, wie wenig diese verbalen Ersatzbildungen für Angepasste tatsächlich mit einem ausgeprägten Sexualleben zu tun haben. Nach dem Thema Verhütungsschwierigkeiten geht es um die Anfänge einer unvermeidbaren Beziehungsarbeit, bei der von der Beziehung, dank Anspielungen auf Impotenz oder Fremdgehen, der Bedeutung des Geldes und der überzeichneten Blödheit, nichts mehr übrig bleibt. Dann im zentralen Stück "Halbgott in Weiß" das noch immer

11

nicht gelöste Rätsel des menschlichen Körpers, und es ist bezeichnend für das mobilisierte Gelächter, dass es ums Saufen geht, um die verkorksten Restbestände des Umgangs mit den Strömen des Triebgeschehens. Auch hier leben wieder unterschwellig homoerotische Ersatzbildungen auf.

'OTTO – DAS WORT ZUM MONTAG: „Danke schön, oh, viel'n Dank, ja, schönen gut'n Abend meine Damen und Herrn, also ich bin Otto, das wissen Sie ja mittlerweile. Und ich bin dauernd unterwegs, man is' überhaupt gar nich' zu Hause, man is' richtig gestreßt, dauernd in irgendeiner Stadt, überall, und privat is' da auch nichts mehr, wenn ich nich' auf den Flughäfen immer nach Waffen abgesucht werden würde hätt' ich überhaupt kein Sexualleben mehr ...“

Das Spiel mit der entleerten Begrüßungs- und Ansagetechnik ist nun schon keines mit dem Bekanntheitsgrad mehr. Dafür wird die Sexualisierung der Figur Otto schon als Eingangsprogramm festgehalten, um sie in einer Gegenbewegung zur folgenden Show aufs Fummeln zu entschärfen.

Von der Kastration oder Asexualität ausgehend, wird hier recht eindeutig zur polymorphen Perversion übergeleitet. Der Bezug auf die Arbeit im Eheforschungsinstitut liefert allerdings wieder eine Prozentzahl für den verdrängten Bedarf an Homoerotik, der aufgenommen wird in den Mobilisierungen: "Ach mach mich doch schachmatt, ach, ach", "komm, komm, nich' drücken jetzt ... Du darfst jetzt aufsteh'n und wedeln, setz Dich hin, Mensch der macht das wirklich." Umspielt wird das durch die Ankündigung, ein kleines silbernes Ding zu blasen, um dann umzuschwenken, zu entschärfen, durch die Publikumsbefragung: "Bin ich a sexmachine oder nich' ..." So wichtig die Sexualisierung des Kommunikationsschemas geworden ist, so fraglich ist die Sexualität geblieben.

'OTTOCOLOR' : „(Hipp-Hipp-Hura) – "Otti", "Hast heut' Dein gut'n Anzug an, Otto?", macht mich nur fertig, ich freu' mich natürlich, obwohl ich schon so oft hier gewesen bin, dass immer wieder soviel kulturbewusste junge Menschen in dieser Gegend 'rumlaufen, herzlich willkomm'n, auch die, und es freut mich natürlich, dass auch viele Gäste gekommen sind

von weit weit her, nur um heute Abend hier in dieser surrea-
listischen Garage zu sein, und, is' vielleicht jemand dazwischen, der mehr als 100 oder 150 Kilometer zurückgelegt hat,
nur um heute abend hier zu sein? "Ich", "Hier", "Ich", "Äch",
ja, Sie mit den Äch, woher komm' Sie denn? .... Is' noch jemand vielleicht da, der nich' weiß, wo er herkommt? Is' vielleicht da oben irgendjemand, der vielleicht 150 oder 200 Kilometer oder 100 Kilometer zurückgelegt hat, g'rade nur um
heute Abend ... "Hier!" Du hätt'st auch zu Hause bleiben können, dann hätt' man das bis hier gehört, ja, wo komm' Sie
denn her? "Ostfriesland", Hey, ha'm Sie denn ein Visum bekomm', das find ich natürlich unheimlich stark, äh, wenn Sie
irgendwelche Fragen hab'n, dann würd' ich glaube ich jetzt,
dass Sie, äh, sind irgendwelche Fragen noch? "Wer wird
Deutscher Meister?" Hey, da fragst Du noch, hier sitzt er,
Mensch, Mann, stimmt ..."

Das Spiel mit dem militärischen "Antreten zum Gebet", hier zur
Fröhlichkeit, führt ganz nebenbei vor, wie zwanghaft auch die gesellschaftliche Nische des Humors funktioniert. Darauf folgt eine
länger gewordene Publikumsintegration, die spontan scheinen kann,
tatsächlich aber sehr genau vorausgeplant ist und alle Signalwirkungen des bisher ausgeprägten Markenzeichens spielerisch und unter der Hand einbringt. Die lustige Kennzeichnung der objektiven
Rahmenbedingungen beleuchtet gleichzeitig schon den Wert der
aufgewendeten Mühe für den Besuch einer solchen Show. Die Ans-
pielung auf einen Status der Kulturbewusstheit zitiert manchen falschen Bildungstrieb, um ihn dann in einem Atemzug derart versacken zu lassen, dass auch für ein Konsumentenbewusstsein plötzlich
das Nullniveau erkennbar werden kann, über das es sonst nicht hinausreicht – die Frage nach dem Deutschen Meister schließt sich da
wie selbstverständlich an.

Mit den Mobilisierungen "Macht mich nur fertig", "Und Sie dürfen
jetzt alle mitmachen" wird eine weitere Sexualisierung der Ottofigur
eingeleitet. Von der Freikörperkultur, die dazu einlädt, den nackten
Otto einschließlich des angesprochenen Pinsels zu imaginieren,
dann aber auf eine Beziehungsarbeit übergeleitet, bei der diesmal die
Frau in der Rolle des Beschissenen derart überzeichnet wird, dass
fast ein Gegengewicht zum Eheforschungsinstitut geschaffen ist.

Die Normalisierung des Verhältnisses der Geschlechter stimmt mit der Sexualisierung des Stars überein, bezeichnend dafür ist auch die Verminderung der Zahl der Witze und Anspielungen sexueller und perverser Tendenz – was an der Thematik abgezogen wurde, hat der Star zugesetzt.

'OTTO, DER OSTFRIESISCHE GÖTTERBOTE': „Otto, ja, wo bist Du. Sag' mal, sag' mal, was is' hier eigentlich los, wo bin ich hier eigentlich, Susanne! "Ja", Susanne? Gabi! "Jaaa", Heidi! (Heidi) Recht herzlichen Dank für die nette Begrüßung, find' ich ja stark, danke schön, herzlich willkomm', ich begrüße Sie recht herzlich hier in diesem, wie soll ich sag'n, äh, überdimensionalen Eierkarton, aber trotzdem hoffe ich, dass wir auch akustisch und so lichttechnisch keine Schwierigkeiten haben werden, der Hausmeister hat seine gesamte Stereoanlage mitgebracht, und äh, ich glaube auch da oben, äh, falls Sie mich nicht sehen können, ich bin da, können Sie mich hören, da oben auch, brüllt doch nich' so, möchte mich recht herzlich bedanken, daß so viele gekomm' sind, und ich möcht' Sie auch alle, alle begrüßen, wir ha'm auch viele Gäste heute aus dem Ausland hier, Good Evening Ladies and Gentlemen, Bon Soir Herr Kommissar, Buona Sera Signorina, Buon Giorno Adorno, auch unsere skandinavischen Gäste, Möhre, Möhre, aber Wencke Möhre, ähm, auch unsere Gäste aus dem Orient heute abend ... hab' ich noch ein' vergessen, ach ja, moin ..."

Während das Markenzeichen Otto fortbesteht, befinden sich die unter ihm zusammengefassten Identifizierungssignale in einem gemächlichen, aber kontinuierlichen Wandel. Die in der Einleitung vorgeführten Orientierungsstörungen mögen in diesem Fall dazu dienen, beide Prozesse zu vereinen. Der ausgelieferte Mensch ruft die Gewohnheitsmuster ab, aber der Bezug auf die Mädchennamen spielt mit dem bisher noch unbekannten Bild des Frauenhelden, zu dessen Kennzeichnung schon wieder ausreicht, dass ein Abgleiten in reaktionärste Heimatfilmromantik unumgänglich scheint. Wieder wird die übliche entleerte Ansagetechnik aufgenommen, aber schon mit kreativen Einschüssen jugendlicher Umgangssprache versehen. Auf die lustige Überzeichnung der objektiven Rahmenbedingungen folgt eine Begrüßungsarie, die sich nach und nach zur Absurdität zu steigern scheint, um überraschend den Rückbezug auf den Ostfriesen zu leisten.

In der folgenden Mobilisierung: "Was is' los, sind Sie schon müde?" wird die Freude an der Potenzstörung auf das Publikum zurückgeleitet – dass es um Potenzstörungen geht, ist aus dem Märchen der Königskinder ersichtlich: "Sie konnten zusammen nich' kommen, denn er kam immer zu früh." Die mittlerweile stabilisierte Ottosexualität liefert die Möglichkeiten der Identifizierung, und zur Sprache kommen nun eher die durchschnittlichen Probleme des Angepasstenalltags. Dazu gehört auch wieder Beziehungsarbeit, hier die Schwierigkeit, aus dem gemeinsamen Schlafzimmer herauszukommen. Andere Mobilisierungen nehmen die Identifizierung auf, es geht darum, gemeinsam in Stimmung zu kommen, es geht um die Freude anzufangen, auch zwischendurch, mit Pep ein Lied losgehen zu lassen. Das Lied von den schwulen Schlümpfen und dem kleinen Schwanz zitiert zwar noch Asexualität und Homoerotik, aber schon in einer extrem abgeschwächten, nur noch auf die obligate Witzwirkung eingehenden Art und Weise. Dagegen nimmt die Offenbarung des Misserfolgsgeheimnisses bei Frauen nicht nur das für den Starkult verpflichtende Bild des Frauenhelden auf, sondern deformiert es in einer für das Markenzeichen Otto wieder typischen Form. Die dargestellte sinnentstellende Form der Wortbrückenbildung bereitet auf die Infantilität vor, in der das unentwickelte Sexualspiel dann hängen bleibt.

'OTTO VERSAUT HAMBURG': „(Horch, was kommt von draußen rein) . Ah, recht herzlichen Dank meine Damen und Herrn für die nett, Begrüßung, ich freue mich, ich freue mich, dass Ihr den Laden hier so wieder, so voll gemacht habt, ich muss erst mal zu den beschissenen Plätzen da hinten hin, okay, holahi, holaho, ach da oben sitzen ja auch noch welche, was ha'm Sie denn für die Plätze bezahlt, oder ha'm Sie Geld dafür bekomm', ähm, sind auch heute Abend Gäste aus Ostfriesland hier? "Ja", ja, woher komm' Sie denn? "Aus Aurich", ehrlich? "Ehrlich", könn' Sie mich nachher ein Stück mit dem Auto in die Richtung mitneh'm, komm' mir vor, wie in der Muppets Show hier. Wo komm' Sie her, wenn ich fragen darf? "Aus Koblenz", etwas lauter bitte, "Aus Koblenz", die Antwort war richtig. Sie könn' mich ruhig fotografieren, ich bin

15

gegen Agfa Pocket geimpft ... blitz, blitz, schön, nich' so nah. Is' das Ihre Frau? "jawohl", zu Befehl, ähm, ha'm Sie vielleicht irgendwie ein paar, ein paar unanständige Fotos von ihr, ha'm Sie nich', soll ich Ihnen welche verkaufen? Meine Damen und Herrn, wir machen heute Abend hier, seh' ich gerade, eine Fernsehaufzeichnung, dieser Abend wird hier aufgezeichnet, äh, Sie da mit der Kamera, sind Sie vom ZDF oder von der AOK? Wie heißen Sie, wenn ich fragen darf? "Marlies", ach das tut mir leid, allright, ich muss mal langsam seh'n, daß ich auf die Bühne komme, der Laden muss hier langsam laufen ... ich brauch' jetzt ein paar starke Männer, die mir mal ganz kurz hier mal auf die Bühne helfen, weil ich hier ziemlich hoch muss mit dies'n ro.. Ding.. wenn Sie bitte so freundlich sein könnten, langsam, langsam, Vorsicht, was sind Sie von Beruf, wenn ich fr..? "Beamter", was is' das auch noch, drei in einem Büro und einer arbeitet, zwei Beamte und ein Ventilator, oder so, vergessen wir das, ich muss jetzt seh'n, dass Sie mich auf die Bühne kriegen, vorsieht, ganz langsam anfassen hier, und wenn Sie am besten das Bein hier, dieses ... Vorsicht, langsam, langsam, langsam, was sind Sie von Beruf? "Landwirt", das freut mich, dann kann ich mich Ihnen anvertrau'n, aber fassen Sie nich' meine Kartoffeln an ... so gut kenn' wir uns auch nich', Du, ich hab's geschafft, recht herzlichen Dank, sauber, danke, Herr sauber, Herr sauber, schönen guten Abend und herzlich willkommen..."

Die mobilisierenden Einstimmungen werden immer länger und lassen deutlich erkennen, wie wichtig für die Wirkung die Herstellung der Kommunikationssituation Star – Publikum sein muss. Dieses Eingehen ins Publikum garantiert nicht nur die Life-Intensität, es scheint auch notwendig, um der durch die Jahre anwachsenden Institutionalisierung des Phänomens Otto entgegenzuwirken. Mag die Witzarbeit normentbindend vorgehen, so ist für deren Träger doch eine enorme Lebendigkeit vonnöten, wenn es darum geht, die Aufsprengung von Verdinglichungen vorzuführen. Die extreme Überzeichnung der objektiven Rahmenbedingungen, auch der Vertragssituation, arbeitet in mehrfacher Hinsicht mit analerotischen Anspielungen. Der Bezug auf den Ostfriesen zitiert wieder in versteckter Form das Markenzeichen, von dem ausgehend nicht nur die Verarschung des üblichen Starkults legitimierbar wird, sondern auch die unter üblichen Showbedingungen ablaufende Publikumsbefragung auf ihre Hohlheit abgeklopft werden kann – wenn das Fernsehen mit der Krankenkasse gleichgesetzt werden darf, muss es sich bei Starkult und Massenpublikum wohl um Symptombildungen einer Krankheit handeln. Anschließend wird sogar vorgeführt, über die Intensivierung des Kommunikationsschemas hinaus, dass es das Publikum ist, das den Star auf die Bühne befördert. Nebenbei ist wieder manches homoerotische Assoziationsmaterial abgerufen, eine genügende Latenz im Publikum scheint die Voraussetzung.

In der Show geht es in einem Übermaß um Wünsche, vielleicht auch als Gegenbewegung zur Institutionalisierung sind dauernd Wünsche zu erfüllen. Dazu passen die häufigen Mobilisierungen in Sachen Gemeinsamkeit, und weil anscheinend nicht mehr mit der Asexualität des Phänomens Otto geworben werden muss, werden die üblichen Ersatzproduktionen der Sexualität aufs Korn genommen. Das Thema Aufklärung für junge Eltern, die Nacht- und Bumssitzung des EG-Gipfels, die bayerischen Kraftsprüche oder die angeblich wiedergegebenen Vorwürfe Sexualprotz und pornographischer Dreckspatz gegenüber einem Krawattenträger, der den ersatztreibenden Symbolgehalt eines Schlipses weit von sich weist. Auf dieser Platte scheint selbst die Sexualisierung des Stars nur mehr zum Zitatmaterial von Witzen zu taugen, ohne dass sie direkt an das Phänomen Otto gebunden sein muss, die Objektivierung der ganzen Ersatzproduktionen ist schon zu weit fortgeschritten.

'HILFE, OTTO kommt!': „Tututut, ah, huhuj, äj, is' ja tierisch, hui, ha, haaa, huj, gut'n Abend, is' ja traumhaft, vielen Dank, recht herzlichen Dank, vielen Dank für die nette Begrüßung, danke schön, äh, viel'n ... "Otti", was sagten Sie? "Otti" – er hat mich erkannt! Das' ja nett, huj, Moment, Moment, Moment, hat jemand heute Geburtstag? Ja, ich kann leider nicht kommen, aber, aber schickt die Torte doch bitte an das Hilfswerk 'Kuchen für Otti', aber nicht verwechseln mit 'Brot für die Welt', 'Kuchen für Otti'. So pass auf, gib mir mal bitte 'ne Zigarette, meine Schachtel is' noch im Automaten. Is' das Ihre ganze Familie? So viele Kinder? Ha'm Sie noch andre Hobbies ... gut'n Abend ...“

Der Bezug auf die noch genauer zu betrachtende Kreativität des Jugendsprachgebrauchs ist hier bis zur Eigenständigkeit eingesetzt. War es bei den letzten Shows noch besonders wichtig, die Life-Situation so intensiv wie möglich im Publikum zu verankern, so sind nun die recht unkonventionalisierten Interjektionen an Stelle dieser Betonung getreten. Das Begrüßungsspiel kann schon vergessen werden, wichtiger ist der Hinweis auf Kuchen-für-Otti, und zwar nicht, um die Institution "Brot für die Welt" herunterzuziehen, eher geht es darum, zu zeigen, welchen parasitären Status der Starkult tatsächlich innehat, ganz deutlich wird das am Zigarettenschnorren. Das Spiel mit den Hobbys der Familienplanung zielt recht eindeutig auf die Thematik und Problematik der angepassten Sexualität, die im Rahmen der Show mit allen Ersatzproduktionen aufgenommen und überzeichnet wird.

Über diese Show wird noch manches zu schreiben sein – der zweite Teil der vorliegenden Arbeit ist der möglichst vollständigen Analyse gewidmet. Hier ist nur festzuhalten, dass die Mobilisierungen wieder voll auf dem sexualisierten Otto ablaufen. Die früheren Signale des Markenzeichens werden zitiert, aber zurückgebunden an die sexualisierten Köder der Unterhaltungsindustrie. Ob das Gestöhne oder der Flamencus Interruptus, die Alternative Wandern – Vögeln oder die Variationen um Hänsel und Gretel: heiß, geil, Scheißhaus, Spaß, Peepshow und Sex. Am deutlichsten werden die Mobilisierungen in der Fernsehshow, in der Darstellung des Dirigentenfetischismus und der demaskierenden Aufbereitung einer Ballettszene – praktische Umsetzungen der Adorno-Horkheimer-Kritik an den Phänomenen der Kulturindustrie.

Nach diesem kleinen Vorgeschmack auf die Materialnähe einer Showanalyse sollen nun die theoretischen Voraussetzungen einer solchen Analyse bereitgestellt werden. Dem Thema angemessen in essayistischer Form, sind die verschiedensten Ansätze anzudeuten und zu umreißen, ohne dabei vor lauter Theorie den eigentlichen Gegenstand aus den Augen zu verlieren.

Bevor aber Witz, Komik und Humor, Ideologiekritik und Traumdeutung, Massenbewegung und der Blick auf das Verhältnis von Individuum und Gesellschaft zu ihrem Recht kommen sollen, ist noch einmal auf das Verhältnis von Sexualisierung und Mobilisierung einzugehen – ohne jegliche Theorie und in der Zitatmontage. Die bisher nur im Überblick angegangene Entwicklung, durch die Jahre der Shows und Platten, verweist immer wieder auf ganz spezifische Erwartungshaltungen des Publikums. Zum einen liegen homoerotische Projektionsangebote zugrunde, zum anderen heteroerotische Wunschbildungen und Ersatzproduktionen. Wir haben im Folgenden aus der Unmasse der Zitate alle mobilisierenden Interjektionen und alle in ähnlicher Weise fungierenden Persiflagen herausgelöst und in einer relativ ungenormten Weise kombiniert. Die Kombinatorik versuchte sich am Vorbild der Ottoshow, dass sie diese nicht übertreffen kann, ist klar, schließlich wird nur schon Bekanntes verarbeitet. Wichtig ist aber die Verdeutlichung, sowohl der Latenzen des homoerotischen Verdrängungsbedarfs wie auch der Ersatzleistungen heteroerotischer Verzichterklärungen – das eine in der ersten, das andere in der zweiten Fassung unserer Zitatmontage.

1. Die Geschichte des 0

Ach wie gut, dass niemand weiß, dass ich Rumpelheinzchen stieß.

Das schmeckt nach mehr, das schmeckt nach, das schmeckt nach mehr, Moment, das war's doch noch gar nicht ... Jetzt! Toi, tu ouvris mon pantalon – mehr Saft – nimm mich mit in dein Bettchen. Hauptsache ich komm gut rein, sitz fett drin und brauch nich wieder raus, das is es doch ... Jaa, da hilft auch kein Gestöhne . . . bäng bäng, your bing bing in my bong bong – b r u t a l e. Das Spiel verliert etwas an das Spiel wird etwas lasch, verliert etwas an Flüssigkeit –   muss mich ein bisschen beruhigen.

Das Zwischenspiel – flamencus interruptus – et tu pfeifst el condor pasa.

Ich mach noch mal von vorn, hot love, das Stück geht mit mir durch. Ich möcht mal wieder so, so richtig mit dir, so körperlich kollidieren. Okay, when you will. Mein Körper hat eine ungeheure Windschlüpfrigkeit. Faszinierend nich, jaa, gebt es mir, waaahnsinnig. Everybody do it all. Immer noch? Komm, komm nich drücken jetzt. Und ich gebe mein Letztes. Ganz gut im Bett, aber ugly. Everybody now! Ich bin noch nich fertig . . .

Sexualität sollte sich nämlich nicht nur im Kopf abspielen, obwohl es ein sehr gutes Image für mich wär.

Was is los, sind Sie schon müde? Das hab ich nich gewollt! Über die eigene Latte, vielleicht sollte dieser oder jener auch einmal probieren ... – da war's wieder. Wenn Sie wolln, können Sie jetzt mitpfeifen, das Thema is freigestellt, dann fetzt das Ding unheimlich los. Reißen Sie sich bitte zusammen. Und ich liege auf dir ... Und Gretel zieht sich nackend aus – klappt ausgezeichnet – is vielleicht doch mehr drin.

I'm a sexmachine . . . bin ich a Sexmaschine oder nich ... vielen Dank. In the heat of the night. Bitte nich ablenken, vielleicht können Sie mich ein bisschen unterstützen, ich will gar nichts ... vielleicht. Vorsicht – ich fang gleich an zu Hupen – ganz langsam anfassen hier, und wenn Sie am besten das Bein hier, dieses. Mein Hüfthalter bringt mich um – find ich wahnsinnig – SKANDAL im Hexenhaus – leidenschaftlich nich. DER MENSCHLICHE KÖRPER und Sie dürfen jetzt alle mitmachen, wir bumsen durch bis morgen früh! Ach mach mich doch schachmatt, ach, ach. Macht mich nur fertig. Danke schön, vielen Dank, der Applaus is gerechtfertigt.

Ihr müsst euch jetzt ein bisschen ruhig verhalten, denn hier kommt es auf wahnsinnige Fähigkeiten an, und ich brauch unheimlich Konzentration. Jetzt spiel ich ein heißes, brandheißes Stück. So und nun natürlich schnell ein Wunsch, so zum Ausklang. ICH MÖCHTE HEUTE IN EINEN BEREICH VORDRINGEN .... Ich spiel jetzt im Stehen, damit Sie auch sehen, was das für ein Mann ist. Dann kommen wir nämlich zum absoluten Höhepunkt des Abends, dann spiel ich noch mal ... was denn los, is doch alles nur Spiel ... fast. Tu tu prendre le Okasa. Mein Liebchen hat so Etwas, das ist so weich so süß, und dieses kleine Etwas, das ist mein Paradies. Und dann sag ich, ich bin ein ganz phantastischer Liebhaber. Oh wow, that's wonderful, show me more. Ich versteh, sie ist heiß. Diese Begeisterung sollte man sexuell ausnutzen. Wolln wir uns nich ausziehn – aber doch nich hier vor den Leuten, Mensch – sie wolln Spaß!

Wo hoab i denn mein Votznhobl, leckst mi noch lang am Oarsch? Von 0 auf 1 in 38 Sekunden. Das Vorspiel nahm den Hengst so mit ... In 10 Sekunden is es soweit, in 10 Sekunden. Herrgott, warum zucken Sie denn so, WURZEL REIN, WURZEL RAUS ... Ich hab's geschafft. Ich bin schon lull und lall. Langsam ausklingen lassen.

Er hat mich einen Sexualprotz genannt, einen perversen Lüstling, Sie pornografischer Dreckspatz, Sie.

21

2. Die Geschichte des O

Ganz gut im Bett, aber ugly.

Jetzt spiel ich ein heißes, brandheißes Stück, und dann sag ich – ich bin ein ganz phantastischer Liebhaber! Das Stück geht mit mir durch – ich fang gleich an zu Hupen! Ach mach mich doch schachmatt ... ach ... ach everybody do it all. Wir bumsen durch bis morgen früh – mehr Saft! Ach wie gut, dass niemand weiß, dass ich Rumpelheinzchen stieß, ja da hilft auch kein Gestöhne. Und ich gebe mein Letztes – LEIDEN-SCHAFTLICH nich – mein Körper hat eine ungeheure Windschlüpfrigkeit – find ich wahnsinnig – komm, komm, nich drücken jetzt. Bäng bäng your bing bing in my bong bong, dann fetzt das Ding unheimlich los. Wahnsinnig ... Der menschliche Körper ... Ich habs geschafft. Wurzel rein, Wurzel raus.

Is vielleicht doch mehr drin, in the heat of the night. Et tu pfeifst el condor pasa ... I'm a sexmachine! Bin ich a Sexmaschine oder nich ... vielen Dank. Macht mich nur fertig. Nimm mich mit in dein Bettchen. Skandal im Hexenhaus. Was is los? Is doch alles nur Spiel! Fast – okay, when you will. Das Vorspiel nahm den Hengst so mit ... Moment ... das war's doch noch gar nicht ... jetzt. Vorsicht ganz langsam anfassen hier und wenn Sie am besten das Bein hier, dieses. Herrgott, warum zucken Sie denn so – ich bin noch nich fertig – i m m e r n o c h – ich bin schon lull und lall. Und Sie dürfen jetzt alle mitmachen, everybody now – Brutale – langsam ausklingen lassen...

Das schmeckt nach mehr, das schmeckt nach, das schmeckt nach mehr. Dann kommen wir nämlich zum ABSOLUTEN HÖHEPUNKT des Abends, dann spiel ich noch mal. Er hat mich einen Sexualprotz genannt, einen perversen Lüstling, Sie pornografischer Dreckspatz, Sie – f a s z i n i e r e n d nich. Tu tu prendre le Okasa. Mein Liebchen hat so Etwas, das is so weich so süß, und dieses kleine Etwas, das ist mein

Paradies. Und Gretel zieht sich nackend aus, ich versteh, sie ist heiß. Flamencus interruptus ... muss mich ein bisschen beruhigen, bitte nich ablenken, das hab ich nich gewollt. IN 10 SEKUNDEN IS ES SOWEIT, IN 10 SEKUNDEN. Vielleicht könn Sie mich ein bisschen unterstützen.

Das Zwischenspiel – oh, wow, sagt sie, das ist ein Ausdruck des Erstaunens, wow, hey that's wonderful, show me more.

Sie wolln Spaß. Reißen Sie sich bitte zusammen. Über die eigene Latte, vielleicht sollte dieser oder jener auch einmal probieren. Ich möchte heute in einen Bereich vordringen, das Thema is freigestellt, jaa, gebt es mir. Ich will gar nichts ... vielleicht, diese Begeisterung sollte man sexuell ausnutzen. Von 0 auf 1 in 18 Sekunden – klappt a u s g e z e i c h n e t . Wo hoab i denn mein Votznhobl, leckst mi noch lang am Oarsch. Da war's wieder. Hauptsache ich komm gut rein, sitz fett drin und brauch nich wieder raus, das is es doch. Wenn Sie wolln, können Sie jetzt mitpfeifen – aber doch nich hier vor den Leuten, Mensch! Das Spiel verliert etwas an Würze, das Spiel wird etwas lasch, verliert etwas an Flüssigkeit.

Was is los, sind Sie schon müde? Ich mach noch mal von vorn... hot love ... und ich liege auf dir ... mein Hüfthalter bringt mich um. Toi, tu ouvris mon pantalon, SEXUALITÄT SOLLTE SICH NÄMLICH NICHT NUR IM KOPF ABSPIELEN. Wolln wir uns nich ausziehn. So, und nun natürlich schnell ein Wunsch, so zum Ausklang, ich möcht mal wieder so, so richtig mit dir, so körperlich kollidieren. Ich spiele jetzt im Stehen, damit sie auch sehn, was das für ein Mann ist ... danke schön, vielen Dank, der Applaus is gerechtfertigt.

Ihr müsst euch jetzt ein bisschen ruhig verhalten, denn hier kommt es auf wahnsinnige Fähigkeiten an, und ich brauch unheimlich Konzentration.

II KOMIK, WITZ UND IDEOLOGIEKRITIK

Anlässlich seiner Abhandlung 'Über das Lachen' hat J. Ritter an der Beobachtung angesetzt, dass das Nachdenken über das Lachen Melancholie auslösen kann, dass es immer um Dinge zu gehen scheint, die den der Heiterkeit und dem Glück entgegenstehenden Lebensmächten zugeordnet werden müssen. Doch nur auf den ersten Blick und nur für den Humor, nicht jedoch für Witz und Komik, hat dieser melancholische Ursprung etwas mit der Anpassung dokumentierenden Spruchweisheit zu tun: Humor ist, wenn man trotzdem lacht. Schließlich befindet sich der Lachende selten in der Defensive und scheint eher ein kulturelles Ausfallpförtchen für seine aggressiven, entblößenden, zynischen oder skeptischen Bestrebungen gefunden zu haben. Das Lachen ist Zeichen der Lust am Nichtigen und an der Verneinung, aber das Nichtige ist immer das durch Sitte, Anstand, Erziehung geschaffene Nichtige, und die Verneinung greift derart auf die jeweils gültigen Normen einer Gemeinschaft über. Was das Nichtige zum Nichtigen macht, was die Ausgrenzung leistet und zum Ausfallenden, Unwesentlichen oder Unverständigen erklärt, ist die Norm, die unhinterfragte Konvention des guten Geschmacks oder des angemessenen Benehmens. Auf diese Weise steht das Nichtige, wie Ritter gezeigt hat, selbst in einem für die Norm nur negativ fassbaren geheimen Zusammenhang mit der für die Norm gesetzten Lebensordnung. Was mit dem Lachen ausgespielt und ergriffen wird, ist diese geheime Zugehörigkeit des Nichtigen zum Dasein, es geht darum, die Identität eines Entgegenstehenden und Ausgegrenzten mit dem Ausgrenzenden herzustellen. Dabei soll es keine Rolle mehr spielen, ob eine Kritik an der normierten Lebensordnung angezielt war oder ob es nur um die vitale Freude am Reichtum des Lebens und am Recht des Unsinns und Unverstands entspringt. Damit ist der melancholische Ursprung beiseite gedrängt, die kritische Funktion wird aufgesogen von der schlichten Entlastungsfunktion. So betont Ritter schließlich, dass die Positivität des Lebensgefühls die größte und stärkste Bedingung für das Lachen ist, dass die Fähigkeit, das Nichtige positiv zu sehen, selbst die Macht des Ernstes der Norm überwiege.

Erinnert man sich an Beifallsstürme anlässlich mancher Ottoszene, so scheint damit die Probe auf das Rittersche Ergebnis gemacht. Vergessen wird dann allerdings, dass die Positivität des Lebensgefühls auch fraglich geworden sein kann oder sogar als potenzierte Dummheit hinterfragt werden will. Und sofort sind wir wieder auf die kritische Funktion und den melancholischen Ursprung manches Gelächters zurückverwiesen. Die später vorzuführenden Witzanalysen oder Komik- und Humorbeschreibungen – auf Freuds Unterscheidung von Witz, Komik und Humor, aufgrund psychischer Instanzen und der Beteiligten: Sprecher, Objekt und Angesprochener, wird noch einzugehen sein – haben in großem Maß Ansatzpunkte und Themenkomplexe kritischer Bedürfnisse zum Fundus. Nicht umsonst sind im Laufe der Jahre die verschiedensten gerade aktuellen alternativen Fragestellungen in die Ottoshows integriert worden, der Bogen spannt sich von der abebbenden Studentenbewegung bis zur anrollenden Politisierung des Umweltbewusstseins. Zur normentbindenden Funktion von Witz und Komik ist das Bedürfnis der Ideologiekritik hinzugetreten. P. Sloterdijk nannte Otto in der 'Kritik der zynischen Vernunft' sogar den letzten Statthalter der Ideologiekritik.

Der Witz und die Arten des Komischen nehmen Bedürfnisse ernst und verhelfen ihnen zu einem Ausdruck, der den Anforderungen des normierten Bewusstseins aufgrund verschiedenster Darstellungstricks noch gerecht werden kann, ohne der Ausgrenzung der Norm Recht zu geben. Diese Freudsche Feststellung scheint gar nicht soweit von der Ritters entfernt, aber gerade die Betonung des Rechts dieser Bedürfnisse macht den wichtigen Unterschied aus. Die von Freud begründete Psychoanalyse ist eine melancholische Wissenschaft. Sie hat es mit den der Heiterkeit und dem Glück entgegenstehenden Lebensmächten zu tun und versucht sie mit einer Technik zur Sprache zu bringen, die ein Korrelat zur Technik des Witzes darstellt. Ernst genommen werden Trieb und Bedürfnis, und hinter diesem Ernst erscheint manches von der Verlogenheit, der Zerstörungskraft und der Hirnrissigkeit dessen, was sich als Sozialisationsnorm gebärdet und dabei falsches Bewusstsein und Lebensunfähigkeit produziert. Das Lachen ist, wie es H. Plessner in seinem Buch 'Lachen und Weinen' beschrieben hat, eine elementare Reaktion gegen das Bedrängende des komischen Konflikts, der überall da hervorbricht, wo eine Norm durch die Erscheinung, die ihr gleichwohl offensichtlich gehorcht, verletzt wird. Die komische Handlung operiert an der Grenze herrschender Sinnsysteme, sie stellt sie als sinnhaft vor, ohne dass sie der institutionalisierte Sinn noch decken kann. Sie liefert eine Gegensinnigkeit, die trotzdem als Einheit erfahren wird und die aus diesem Grund mit einer elementaren Antwort des Körpers, eines Körpers, der schließlich den Kampfplatz der Sozialisation ausmacht, im Chaos der Artikulation abreagiert wird.

Dieser Konflikt ist es, und er muss im alltäglichen Leben gar nicht als komisch erfahren werden, eher als Zwang und als Ausweglosigkeit, als alltäglicher und nicht zu ändernder Trott, auf dem das Phänomen Otto gründet. Er führt den alltäglichen Schwachsinn vor, überzeichnet und persifliert, wechselt die Masken und zeigt die Beweglichkeit, die sonst eben nicht zur Verfügung stehen darf, erinnert mit dieser Beweglichkeit der Masken an Bergsons vitalistische Theorie des Lachens, ohne dabei zu vergessen, dass ganz reale Bedürfnisse an Ideologiekritik eingebracht werden müssen. Es ist auch der Konflikt zwischen Alltagserfahrung und den Anforderungen, die eine von Helden der Werbung ausgepinselte Welt stellen kann. Der Traum vom Charakter, vom Erfolg und das aus dem grauen Alltag sprießende Bedürfnis, die Lüge mitzuspielen, wenigstens für Augenblicke in der Illusion, wird von Otto wortwörtlich beim Wort genommen, er zeigt die Blödheitsriten, die im Alltag der multimedialen Anpassungspredigten den Ernst des Lebens darstellen. Neben der Arbeit, quasi als einem zweiten Bereich der Arbeitsentfremdung – Marx konnte einmal von der zweiten Natur des Menschen sprechen und damit den kulturellen Kontext aller menschlichen Arbeit umschreiben –, ist der Konsum- und Unterhaltungssektor längst zu einer zweiten Form menschlicher Arbeit geworden. Otto nimmt beim Wort, was sonst nur noch Phrase darstellt, und in übersteigerten Sprachspielen und übermächtigen Zitatzusammenhängen verpuffen plötzlich alle Normen der Unterhaltungsindustrie.

Damit ist hier schon eine der Gesetzmäßigkeiten angedeutet, die auf einer weiter gefassten Ebene eben das Problem wieder aufnimmt, das in der Ritterschen Einschätzung nicht aufzulösen war. Der Konflikt wird beschworen und gesucht, nicht nur, um ihn mit der Lust am Unsinn und der Freude am Leben für nichtig zu erklären, sondern auch, um ihn erstmal zur Sprache kommen zu lassen und dem Unbehagen ein legitimes Recht der Äußerung einzuräumen. So ist innerhalb des Herrschaftsbereichs der Unterhaltungs- und Konsumideologie eine kritische Instanz festzumachen, die das, was

28

sonst Entfremdung und Manipulation heißen kann, zu einem selbst-reflexiven Prozess umformt. Die in der Werbung, dem Starkult oder den Fernsehserien vorliegende und verdinglichte Konvention kann aufgebrochen werden, um die in sie eingegangenen und als Köder dienenden Bedürfnisse für eine Lebendigkeit zurück zu gewinnen, die unter Entfremdung und Manipulation wegzutauchen fähig ist.

Die Durchbrechung von Normierungen, der neue Blick auf längst Bekanntes, die Herstellung realer, von Gewohnheitsverhärtungen befreiter Erfahrung mag einmal das Signum hoher Kunst gewesen sein. Nachdem aber mit der die Moderne kennzeichnenden Entwicklung der Entkunstung der Kunst und der damit verbundenen Ästhetisierung alltäglicher Lebensumstände die ehemals künstlerischen Verfahrensweisen in die Waren- und Unterhaltungsästhetik abgesunken sind, erwächst aus ihnen auch wieder das Bedürfnis nach einer unverstellten Erfahrung eben dieser Lebensumstände. Der innovative Charakter eines Werbespots mag zwar mit allen Tricks früherer Kunstdarstellung arbeiten, er ist schließlich doch nicht darauf ausgerichtet, Erfahrung zu bewirken, er soll zum Kauf stimulieren. Seine Neuheit hat nur auf dem Gegensatz zu früheren Werbespots zu beruhen, und die geköderten Bedürfnisse werden nur als Köder ernst genommen. Der Kauf hat das Bedürfnis an Erfahrung zu beruhigen, und aus dem daraus erwachsenden Unbehagen entsteht jene Nachfrage, für die das Phänomen Otto, unter anderen, einzustehen hat. Hier werden die Verspannungen und Zitatzusammenhänge der Alltagsästhetik aufgenommen und überzeichnet, werden die Versprechungen der Werbung zu Versprechern und Fehlleistungen. Die ganze bunt verkitschte Show, ihres angemaßten Erfahrungsgehalts beraubt, lässt plötzlich das reale Bedürfnis hervortreten, aus der Vielfalt der Eindrücke eine Erfahrung zu destillieren. Sie wird nicht nur im Lachen negiert, sie wird in die kritische Einstellung gerückt, die tatsächlich noch einen neuen Blick auf das längstbekannte Allerlei der Sensation vermitteln kann. Wie das in einer Ottoshow geleistet wird, wie im einzelnen Werbespot, Unterhaltungsserien, Hitparaden oder sogar "hohe" Kultur aufgenommen und umgeformt werden, ist an einzelnen Beispielen noch genauer zu betrachten.

Die Betonung des kritischen Bedürfnisses soll hier nicht unhinterfragt stehen bleiben. Wenn selbst der böseste Witz noch immer nicht bis zur Konsequenz durchstoßen kann , die ihn bedingenden Anlässe im Leben aufzusuchen und zu zerstören, wenn gesagt werden konnte, dass Witz und Humor auch immer am Status Quo schmarotzen, so ist Ritters Unentschiedenheit auch ernst zu nehmen. Auch Otto ist ein Star, auch er bietet eine kulturelle Nische, in der das Kritikvermögen zwar relativ ernst genommen wird, die aber gleichzeitig nicht mal ein politischer Brückenkopf im Herrschaftsbereich der Unterhaltungsindustrie zu nennen ist, eher eine Art entpolitisiertes Kinderzimmer für die in jedem Erwachsenen noch unmündig nachklingende und vielleicht während einer Ottoshow vibrierende Kindheit. Die Kritik ist so wichtig wie die Möglichkeit, unverstellte Erfahrungen auszulösen, aber sie findet in einem Bereich statt, in dem schon grundsätzlich feststeht, dass es nicht um die Veränderung gehen darf, nur um die Versüßung. Otto ist Statthalter der Ideologiekritik – "buon giorno Adorno" –, aber zu einem Zeitpunkt des Vegetierens, vielleicht schon des Todeskampfs jeglicher Ideologiekritik. Erst diese zeitgeschichtliche Einsatzstelle des Phänomens Otto, seiner Produktion wie auch seiner Rezeption, kann erklärbar machen, warum die Kritik zur Komik umfunktioniert werden muss, warum sie in massenhafter Weise konsumierbar zu sein hat. Das Wechselspiel von Humor und Kritik führt auf die Frage nach der Berechtigung der Melancholie zurück. Eine Frage, die wohl nur dann noch mit einer Antwort versehen werden kann, wenn diese Antwort im Rahmen eines Spiels angezielt wird, vielleicht als erleichterndes Lachen. Das Spiel liefert die Bedingung, dass die Frage nicht in theologische Dimensionen absackt, zur Frage nach dem Sinn, vielleicht des Lebens.

Die kritische Funktion, ja sogar die Stimulierung der Kritik kann dem Phänomen Otto nicht abgesprochen werden. Aber gerade der sie auszeichnende Ort, an dem die Kritik als Bedürfnis eingelöst werden kann, führt von einem für die Moderne grundlegenden Widerspruch auf die Ambivalenz des Komischen. Das spezielle Problem der Moderne heißt: Wie funktioniert Kritik, die auf den Unterhaltungssektor ausgerichtet ist? Wie ist zu erklären, dass selbst die bösartigste, rücksichtsloseste Kritik, wenn sie auf den Markt angewiesen ist, mehr oder weniger zur Prostitution der Kritik geraten wird? Fragen, die hier nicht gelöst werden sollen, die nur an einem Probefall des Wechselspiels von Unterhaltung und Kritik zu veranschaulichen sind, wobei gerade die witzig-komische Darstellungs-

form dazu neigt, diese Fragen schon in der Form selbst zu reflektie-
ren. Es wurde schon angedeutet, dass und warum das Komische aus
einer Gegenbewegung zur konventionalisierten Welt Leben gewinnt. Dass damit auch auf Umwegen eine vermittelnde Bestätigung dieser Konvention bewirkt wird, hat R. Warning hervorgehoben. Er sieht darin die Grundambivalenz komischer Gegenwelten,
die als Gegenwelten Vergnügen bereiten, das Vergnügen sich aber
nur da einstellt, wo alle Kritik eingebunden bleibt in ein fundamen-
tales Einverständnis mit dem Gegebenen. Komische Gegenwelten
sind Parasiten, sie leben vom Einverständnis der Kommunikations-
partner, von der Norm, die sie verletzen und der sie gleichwohl gehorchen. So treffend diese Feststellung sein mag, sie geht doch von
einem Kritikverständnis aus, das heute nicht mehr als selbstverständlich vorausgesetzt werden kann. Die Allgegenwart und For-
menvielfalt der Unterhaltungs- und Konsumideologie hat die ideo-
logiekritische Differenzierung von wahrem und falschem Bewusstsein längst hinfällig gemacht. Während die Konstatierung des falschen Bewusstseins ins gesellschaftliche Abseits der Untersuchungen resignierter Theoretiker – eine Haltung, die so realitätsgerecht
ist, dass sie vom Konsumenten nicht zur Kenntnis genommen werden will abgedriftet ist (und auch von ihnen wäre zu behaupten,
dass sie von eben der Norm leben, die ihre Einsicht durchbrechen
helfen sollte),ist trotzdem noch das Bedürfnis nach Durchblick,
nach der kritischen Durchleuchtung alltäglicher Gegebenheiten
festzustellen. Selbst beim Konsumenten äußert sich noch genug von
dem, was Freud das Unbehagen in der Kultur nennen konnte, so
dass dieses Bedürfnis kulturelle Nischen prägt, in denen es befriedigt werden kann, z. B. eine Ottoshow. Die Grundambivalenz der
komischen Gegenwelt ist längst eine jeder Verneinung oder Verweigerung geworden, so dass es nicht mehr angehen kann, ihr die
Restbestände des Kritikbedürfnisses auch noch abzusprechen.

In jeder Ottoshow werden die genormten Massenerwartungen und
Sehnsüchte zitiert, gestisch und sprachlich aber derart überzogen,
dass ausgehend von dem vorliegenden Konsens des Unbehagens
dann die entbindende Funktion von Witz und Komik wirksam werden kann. Hinter den genormten Bedürfnissen wird der kleine
Mensch sichtbar, vorgeführt von einem Star, der alle Maskenspiele
heroisch-empfindsamer Werbehelden perfekt beherrscht und aus der
Hohlheit und Deformation dieser Wunschbilder dann die Ahnung

der tatsächlichen Bedürfnisse hervorzaubert. Das Publikum wird aus der Rolle der mitgehenden Konsumenten durch die elementare Reaktion des Lachens gegenüber dem komischen Konflikt kurzzeitig in jene Distanz der Einsicht befördert, die im Alltag notwendig wäre, um die in ihrer verdummenden und manipulierenden Funktion dargestellten Mechanismen zu unterlaufen. Das damit provozierte Lachen scheint zwar die ganze Energie der Einsicht sofort wieder abzuführen, die Einsicht scheint so gefragt, wie die daraus zu ziehenden Folgerungen als uneinlösbar erkannt werden müssen, aber wen interessiert das schon noch im Zeitalter der Neutronenbombe. Otto ist ein Teilzeitentlastungsphänomen, eine kulturelle Nische für die Restbestände des durchschnittlichen Kritikvermögens. Der Hinweis auf den parasitären Status der Lust an der Infragestellung sollte zwar nicht übersehen werden, aber als Gegenbewegung zu den tatsächlich parasitären Gewalten Manipulation, Zerstreuung und Entfremdung ist an eine homöopathische Therapie zu denken. Die hier eingesetzte Witzarbeit schmarotzt, aber sie schmarotzt an den Schmarotzern der menschlichen Erfahrungsfähigkeit. Das mag noch nicht viel sein, aber es ist besser als nichts und Ansatz der folgenden Untersuchung. Während einer Ottoshow werden Prozesse nachvollziehbar, die die Ideologisierung des Bewusstseins und ihre Durchbrechung, die Auflösung der verdinglichenden und betäubenden Vorgänge zugänglich machen. Natürlich auch ihre Reideologisierung, schließlich ist Otto ein Star, und nichts könnte die demaskierten Vorgänge besser kennzeichnen als der Starkult, aber die Qualität dieser Form der Unterhaltung ist damit zu begründen, dass auch die Reideologisierung wieder dem Verfahren der Verflüssigung unterworfen wird.

Abschließend ist an einen Witz zu erinnern, den Freud bei Lichtenberg gefunden hat. "Wie geht's?" fragte der Blinde den Lahmen. "Wie Sie sehen", antwortete der Lahme dem Blinden. Die entblößende, aggressive, zynische oder skeptische Tendenz dieses Witzes hängt jeweils von der Einstellung dessen ab, der ihn über eine damit abgeurteilte Person oder Gruppe zu einem dritten erzählt. Von der Kastration über die Ausgrenzung zur Selbstinfragestellung kann alles gemeint sein, entsprechend dem Kontext, in dem dieser Witz, der die Freudsche Kulturtheorie in nuce aufbereitet, erzählt wird.

III WITZ, WARE UND MASSE

Der Star Otto, die Ware Otto, die Marke Otto, alle und noch manches Ungenannte zusammengefasst zu: das Phänomen Otto. Was dahinter steckt, was dahinter erst zu projizieren ist, was vielleicht aber auch nur eine Projektionsfläche aller möglichen Bedürfnisse ausmacht, ohne selbst vorhanden zu sein wie zum Beispiel die Angabe des Geschlechts dieses Stars auf dem Cover der zweiten Platte: gemischt –, führt immer wieder auf die folgende Fragestellung: Was macht dieses Phänomen aus, welcher identische Kern, weiche Substanz speist die verschiedenartigen Erscheinungen, wie wäre das auf einen begrifflichen Nenner zu bringen? Mit Witz, Komik oder Ideologiekritik ist da nicht sehr weit zu kommen, das Spiel mit der natürlichen Bisexualität des Menschen, die gar zu gern in die gesellschaftliche Kastration als ihren unnatürlichen Gegenpol überführt wird, ist auch nur ein Aspekt unter anderen. Es scheint sinnvoller, die Antwort auf das Ende der Untersuchung zu verschieben und erst einmal die Masse der Zusammenhänge durchzugehen, die verschiedensten Darstellungsformen anzusehen, um damit die einfache Antwort: Otto ist ein Blödel, zu umgehen. Diese einfache Identifizierung verdankt sich den Scheuklappen, die die Phantasiebeziehung zwischen Star und Fan prägt und die von der Regenbogenpresse gefördert wird. Sie beruht schließlich darauf, dass Wirkungen genossen werden können, weil ein Interesse an der Verschleierung ihrer Ursachen bestehen muss, weil mit Starkult und Blödeletikett eben jene Bedürfnisse, die zur Konstituierung des Phänomens Otto beigetragen haben, wieder in Anpassungsleistungen zurückgeführt werden. Der begriffliche Nenner wird sich erst aus dem System von Beziehungen ergeben, die sich hier zwischen Witz Komik, Ideologiekritik und dem sie darstellenden, kleinen großen Mann ausgebildet haben, wobei nicht vergessen werden darf, dass die Art und Weise, wie bestimmte Publikumsbedürfnisse verwandelt zurückgespiegelt werden, immer in Abhängigkeit von diesem Publikum gesehen werden muss.

Betrachtet man eine Show im Ganzen, so zeigt sich auf den ersten Blick eine diskontinuierliche Ansammlung von Witzen, Persiflagen, Gesangseinlagen und Publikumsmobilisierungen. Schaut man aber

33

genauer hin, so findet man eine perfekt einstudierte, bis auf die Bewegung des kleinen Zehs stimmige Darstellung des alltäglichen Schwachsinns, bei der sich die einzelnen Szenen gegenseitig kommentieren und ein gerundetes Gesamtbild dieses Schwachsinns hervor treiben. Wenn die Welt des Konsums und der Werbung alle Bedürfnisse aufgenommen und mit falscher Lebendigkeit versehen hat, die in früheren Zeiten von der Religion getragen worden sind – die Beschwörung bedrohlich unfassbarer Gewalten, die Darstellung alternativer Wunschwelten, die Anweisung auf Verhaltensformen des Alltags und die beruhigende Verschleierung tatsächlicher Bedürfnisse, ihrer entsprechenden Einlösungen – so ist Otto einer der Zauberpriester dieser Ersatzreligion geworden. Sein Wort zum Montag sowie die anderen Überzeichnungen der Pfarrerrolle zeigen, wie bewusst das Spiel eingebracht worden ist. Denn wie wäre es sonst zu erklären, dass dieselbe Masse, der seine Überzeichnungen aggressiv demaskierend in die abhängige Bewunderung und ins nachahmende Mitläufertum einschlagen, nur um so lauter johlt und klatscht, als konforme Masse sogar noch von der kritischen Beleuchtung bestätigt zu werden scheint, nur weil der Blitze schleudernde Erleuchter gelegentlich – viel seltener heute als noch zu seinen Anfängen – die Maske des Clowns und Hanswursts aufsetzt oder auch nur andeutet. Auch die größten Prediger der Reformation haben ihr Publikum beschimpft und verflucht und es trotzdem bei der Stange gehalten, weil schließlich das Publikum die Eingeweihtenrolle auf sich beziehen konnte und die anderen, der große Rest der Nichtteilnehmer, zu einer Art verbindendem Feindbild herhalten mussten. Heute heißt das, die Konsumenten dürfen über die Hirnrissigkeit der Konsumenten lachen, um sich nicht nur nicht gemeint zu fühlen, sondern auch, um sich kurzzeitig von den Zwängen jener Norm befreit zu fühlen. Als Beispiel mag dafür die Möbelmesse des schlimmer Wohnen dienen: "zufriedene Arschgesichter, die sich in ihrer sauteuer bezahlten Wohnung herrlich unwohl fühlen." Die Normalverbraucher müssten sich eigentlich ins Gesicht gespuckt fühlen "entschuldigen Sie, is' mir peinlich, normalerweise haben die in der ersten Reihe immer 'nen Regenschirm" –, aber sie jubeln. Das zeigt nicht nur die Teilzeitentlastung von der bedrängenden eigenen Wirklichkeit, es nimmt auch die durch den Priester repräsentierte Gewissensinstanz auf. Das Gewisse bohrt und triezt, oder es weist auch nur noch auf eine nicht recht ernst genommene Norm, besonders, wenn es schon gar nicht richtig verinnerlicht wurde, auf dem

Weg zur vaterlosen Gesellschaft, aber es hat wenig Wirkung. Zwei komplementäre Prozesse werden daran deutlich. Einmal ist neben die Realität des Arbeitsalltags gleichberechtigt die des Freizeitverhaltens getreten, und auch hier ist eine Form von Leistung zu erbringen: der Konsum mit dem seltsamen Realitätsprinzip, wer hat das größte, schönste, schnellste X. Otto kann für diese Form des Realitätsprinzips die Entlastungsfunktion darstellen. Dazu kommt noch das Bedürfnis der Abgrenzung, die Illusion, selbst nicht betroffen zu sein, die eigene Überlegenheit während dieser Darstellung zu empfinden und damit eine weitere Legitimation zu haben, sich in der Infragestellung auch noch zurecht finden zu können. Auch dieses Wechselspiel ist von Otto eingebracht worden, am Ende des Ostfriesischen Götterboten findet sich das Stück: "Ich gebe ... " Er droht die Lösung der sozialen Probleme an, die Schaffung einer neuen Kunstrichtung und ähnliches, die kommentierenden Claqueure haben bei jeder Angabe nur zu buhen. Dann verspricht er, einen auszugeben. Von allem anderen soll dieses Negativbild seines Publikums schon die Nase voll haben, und das heißt die Betäubung der Ansprüche seines Realitätsprinzips durch die Darstellung der Betäubung. Bewusstseinsverdumpfung wird damit zum realen Gegenstück der Bedürfnisse, die tatsächlich zu der Ottoshow hinführen. Konnte Religion einmal Opium fürs Volk genannt werden – dass sie sich in der Konsumindustrie als Neuauflage gebärdet, wird gar nicht mehr zu bestreiten sein. So liefert das Wechselspiel zwischen Identifikationshilfen und aggressiver Verweigerung den Ansatz, damit das Phänomen Otto nicht einfach Valium fürs Volk wird.

Mag die Illumination konsumierbar geworden sein, das für die Massenpsychologie so gängige Kennzeichen der Herabsetzung der Intelligenzfunktion, der Bewusstseinsverdumpfung, wird ständig wieder abgefangen durch die Form der Darstellung. Hieß es oben einmal ganz pauschal Gewissen der Unterhaltungsindustrie, so ist das zu erweitern; es wird auch die Gewissensinstanz des Konsumenten verkörpert, und zwar in einer Form, die die üblichen Verdinglichungen durch Beweglichkeit auflöst. In der Tat, eine komische Gewissensinstanz; sie gibt ein Gegenbild ab zu jenem Verhältnis zwischen der künstlichen blasse des Heeres (oder der Kirche) und ihrer Führerpersönlichkeit. Freud hat in 'Massenpsychologie und Ich-Analyse' den Zusammenhalt einer Masse durch Identifizierung erklärt, die auf einem gemeinsamen Ichideal, dessen Stelle der Führer eingenommen hat, beruht. Das Verhalten des Massenindividuums zum Führer ist ein Spezialfall der Hypnose, bei der der Hypnotiseur an die Stelle des Ichideals getreten und damit Instanz der Realitätsprüfung geworden ist. Die dadurch bewirkte Ausschaltung des Kritikvermögens passt zur Erklärung der innerhalb einer Masse ablaufenden Bewusstseinsverdumpfungen. Bemerkenswert an dieser Beziehung ist, dass sie umso reiner hervortreten wird, umso weniger sexuelle Bestrebungen an ihr beteiligt sind.

Das Verhältnis von Führer und Masse prägt sich in harmloserer Form auch zwischen dem Star und seinen versammelten Fans aus, die Harmlosigkeit wird durch den ästhetischen Rahmen und das mehr oder weniger ausgeprägte Bedürfnis sexueller Projektionen begründet. Es trifft sogar noch auf einen Star zu, der den üblichen Starkult karikiert, mag es auch weiter kompliziert werden durch das Wechselspiel der Publikumssteuerung, die Bindung sowohl zu bestätigen als sie auch zu durchbrechen, die Affirmation des kultischen Bedürfnisses im Wechsel mit seiner Frustration. Nicht umsonst ist Otto auf der Coverrückseite der zweiten Platte in einem Gestus abgelichtet, der zufällig an manche Goebbelspose erinnert – "faszinierend, wie ich die Massen in der Hand habe". Selbst das immer wieder auftauchende Spiel mit der Kastration oder der Asexualität erscheint plötzlich in einem anderen Licht. Es geht nicht nur um die später noch genauer zu betrachtenden Darstellungen der Verkrüppelung durch Sozialisation, es geht auch um die geheimen Kräfte, die die soldatische blasse zu einem uniformen Block zusammenschmelzen und verdinglichen. Der Mangel sexueller Bestrebungen – seinen Gründen ist K. Theweleit in der Untersuchung 'Männerphantasien' nachgegangen – wird in der Person Otto zitiert, wird aber damit der Masse der Fans abgenommen, und was wie ein mobilisierendes Spiel mit dem Feuer aussehen kann, ist tatsächlich ein lustiges Feuerwerk. Diesmal hat ein Führer die Bürde auf sich genommen, der Wechsel der Perspektive überführt das Potential der Verdinglichung in humoristische Verflüssigung, ein Ichideal liefert das Idol der Komik. Der tödliche Ernst der Massenbewegung liefert das zündendste Potential für den sogar noch Über Humor und Komik hinausschießenden Vorgang der Witzarbeit, die unbewussten Energien dürfen verpuffen.

Deutlich geworden ist, dass es Formen von Verhaltens- und Erwartungsmodellierungen sind, die in einer Ottoshow eingesetzt werden. Diese Modellierungen gehen aus dem Verhältnis von Verflüssigung und Verdinglichung hervor und betreffen damit das Wechselspiel von Lernverhalten und Verdummung, von alternativer Wahrnehmung und Manipulation. Dieser Blick auf die Modellierung des Verhaltens ist nicht nur durch den Hinweis auf die pragmatische Funktion von Religionssystemen – Freud fand in der Massenpsychologie die Regression auf frühgeschichtliche Hordenbräuche – und ihrer Neuauflage in der verwalteten Welt zu rechtfertigen. Er ist auch aus der Publikumserwartung, ihrer Einlösung und deren tatsächlichem Kontrast zur kritischen Funktion geistiger Lockerungsübungen abzuleiten.

Das Markenzeichen Otto korrespondiert mit dem Marken geprägten Vorurteilsprogramm des Publikums, erst dadurch wird der Konsens hergestellt, auf dessen Basis die verformende Funktion der im Witz wirkenden Prozesse der Traumarbeit wirksam werden darf, während die aus Vergleichen der Überzogenheit einer Darstellung oder des Understatements eines Stars entspringende Komik ein einleitendes, scharfmachendes und bestechendes Moment der Befähigung zur Witzarbeit ausmacht: Freuds Vorlustprinzip.

Das Phänomen Otto hat alle Kennzeichen einer Marke, die Erwartungshaltung des Publikums korrespondiert mit Sprüngen auf der Bühne, der körperhaften Vergegenwärtigung der Schnelllebigkeit dieser Zeit, der spinnenfingrig dürren Agilität und dem Spiel mit der eigenen Kastration, das die des Publikums bestätigt und erlöst. Adorno hat in seiner Arbeit 'Der Fetischcharakter in der Musik und die Regression des Hörens' eine differenzierte Beschreibung des infantilen Hörers geliefert, die fast so eine Art Schema abgeben kann für Ottos Verhalten auf der Bühne. Diesmal eben auf der Bühne, das macht einen Gutteil der Wirkungskraft dieses Markenzeichens aus. Dabei kann die für die Marke kennzeichnende Entscheidungshilfe, die Anleitung der Konsumenten, ganz weit gefasst werden, so dass die marktgerechte Werbung auf den Unterhaltungssektor übergreift und die politische Meinungsbildung gleich mit erfasst. Die sozialwissenschaftlichen Kategorien "Macht", "Sanktion", "Norm" "Wert", "Rolle", "Gruppe", "soziale Position" und "Interesse" werden in der gestellten und damit auch wieder in Frage gestellten

Spontankommunikation der Wechselwirkung zwischen Publikum und Phänomen Otto aufgenommen, bestätigt und deformiert. Die vertragliche Setzung der Kommunikationsgemeinschaft, ob Platte, Auftritt oder Fernsehshow, hat die Absicherung der Verunsicherung der normierten und beschränkten Kommunikationsfähigkeit des Publikums zu leisten, erst aus dieser Absicherung erklärt sich die Lust am Mitgehen. Dazu gehört, dass Otto als Star und Mensch gewordene 'gare in erster Linie für sich wirbt, indem er ein bestimmtes Schema an Rollenerwartungen minutiös genau immer wieder reproduziert. Gleichzeitig dient dies jedoch als Medium, in dem dann Freizeitverhalten, Werbung, Hits oder Wahlpropaganda, das Wort zum Sonntag oder Fußballkommentare, Heimatkunst oder Witze über Minderheiten aufgenommen werden können, um in der an den Traum angelehnten Deformation der Darstellung den realen Schwachsinn dieser Produktionen hervor zu treiben.

Die aufgezählten sozialwissenschaftlichen Kategorien werden in einem ersten Schritt alle auf die Funktion der Marke reduziert, als vorgespielte Marken verlieren sie die ihnen eigene Selbständigkeit und Glaubwürdigkeit. In einem nächsten Schritt werden sie angereichert zu Zitatzusammenhängen, die an die Traumarbeit erinnern mit ihren Funktionen: Verdichtung, Verschiebung, Rücksicht auf Darstellbarkeit und sekundäre Bearbeitung. Beliebige Grimassen oder Gesten, Sprüche oder Liedertexte werden aus ihren gewohnten Zusammenhängen herausgerissen, um als Fragmente miteinander in eine neue Beziehung zu treten, zu einer Einheit verdichtet zu werden, die aus dem ursprünglichen Bedeutungsmaterial eine Bedeutung hervor zwingt, die ihm bisher nicht anzusehen war. Die Verschiebung des Interesses auf die Nebensächlichkeiten der Darstellung erleichtert die Zusammenstellung auch der disparatesten Momente. Die Rücksicht auf Darstellbarkeit ist an der Betonung der visuellen und akustischen Signalwirkungen festzumachen, sie führen tatsächlich ein Eigenleben, das stark genug wirkt, um die konventionelle Bedeutung, die jedes der Fragmente mit sich bringt, beiseite zu drängen und die sich aus dem hergestellten Assoziationsnetz ergebende Bedeutung durchzusetzen. Die sekundäre Bearbeitung, die die Aufgabe hat, an den Traum eine vernünftige Fassade anzubauen und die Beziehungen zu rationalisieren, kommt hier wenig in Betracht. Sie wird schon durch den ästhetischen Rahmen der Show unnötig, der hier ein komische heißt. An der Fügung der Sprachspiele, an der Aufeinanderfolge der Szenen wird eher deutlich, wie wenig Wert auf einen logischen Zusammenhang und auf Rationalisierungen gelegt wird. Viel mehr noch geht es darum, die Vernunft der alltäglichen Normen, die Logik der Werbe- und Unterhaltungsindustrie als Rationalisierungen zu erweisen. Auch bei ihnen hat die Traumarbeit Pate gestanden, allerdings mit der Betonung auf der Verschiebung realer Bedürfnisse und einem Übermaß rationalisierender Fassadenbildungen.

Die durchgesetzte Bedeutung beruht dann auf genau den Vorgängen, die Traum- und Witzarbeit gemeinsam haben. Der Witz unterscheidet sich als sozialste aller Arten menschlichen Lustgewinns vom asozialen Traum nur dadurch, dass ihm andere Möglichkeiten zur Verfügung stehen – das Vorlustprinzip als die wichtigste –, die Zensur zu umgehen. Daran mag noch einmal deutlich werden, warum die Verschiebung hier nicht sehr wichtig, warum die sekundäre Bearbeitung sogar nebensächlich werden konnte. Trotzdem soll der Traum nicht einfach dem Witz das ganze Feld der Ottoshow einräumen, die einzelnen Witze sind eben in einer Gesamtheit eingebettet, die in mancher Hinsicht den Charakter des Traums haben soll. War für Freud die Traumdeutung via regia zum Unbewussten und die Arbeit über den Witz ein Seitensprung, direkt von der Traumdeutung her, so kann vielleicht für die Ottoshow gesagt werden, dass am einzelnen Witz die unbewussten Energien deutlich werden, die im Publikum zu mobilisieren sind, dass aber die ganze Show gewisse traumhafte Bedingungen ausprägt, die in vielen Fällen erst den Zugang zur Witzarbeit ermöglichen. Die Tendenzen der Witze werden, als wär's ein Traum, auf der Bühne umgesetzt in schnelle Bildfolgen und hektische Sprachspiele. Damit wird deutlich, dass die Hektik der Show, das blitzartige Aufeinanderfolgen der divergentesten Darstellungen, die Funktion haben muss, den Zuschauer in den Traumbereich hineinzuziehen. Der Überfallcharakter der bildhaften Szenen hat schon genug mit der Traumwahrnehmung gemein: ein Ausschalten der so genannten Vernünftigkeit, ein Abdrängen der alltäglichen Gewohnheiten. Nicht nur die Freude an den Sprachspielen und die komische Lust aus der verkörperten Ottofigur, sondern auch das Spiel mit dem Traumbereich stellen die Bereitschaft her, die entblößenden, aggressiven, zynischen oder skeptischen Tendenzen der einzelnen Witze gewähren zu lassen.

Mit dem Blick auf den melancholischen Hintergrund ist Otto ein schneller Brüter. Der Melancholiker, wie ihn W. Benjamin gekennzeichnet hat, ist immer ein Grübler, der über der Fragestellung eines Problems brütet, dessen Lösung die Fraglichkeit einer ganzen Lebensordnung noch einmal in Frage stellen könnte. Sind für den Melancholiker die Beziehungen zwischen der Materialität der von ihm betrachteten Gegenstände und ihrer Bedeutung nicht mehr auffindbar, das Brüten wird zu einem Zustand der Ewigkeit, so ist im Phänomen Otto die Infragestellung und ihre Antwort im Jetzt der Darstellung verkörpert worden. Nicht nur, dass er innerhalb der Witzproduktion eben die Probleme schon gelöst hat, für die ein Publikum, das in der Regel wohl gar nicht bis zum in Frage stellenden Nachdenken kommt, in Ottoshows pilgert, um die bereichernde Wirkung solcher Fragestellungen zu genießen. Er spielt dieses Nachdenken auch vor in der Schnelligkeit der hervorgerufenen Zeiterfahrung, Mimik, Gestik und Sprachvermögen verkörpert in wunderbarer Wandlungsfähigkeit. Die Zeiterfahrung des schnellen Brütens, Benjamins "Jetzt der Erkennbarkeit", ist die des Kurzschlusses, den sonst die Witzarbeit hervorzaubert. Es ist die im Witz erzwungene Erkenntnis, und sie kann nicht nur Spaß machen, sie konserviert kritisches Potential.

Hatte sich ursprünglich die Frage aufgedrängt, wie die Pervertierung des kritischen Potentials der Studentenbewegung und der progressiven Intelligenz der 70er Jahre zur Konsumanweisung zu erklären sei, eben die Prostitution der Ideologiekritik, so hat sich die Fragestellung nun völlig gewandelt. Dass die auf unterhaltsame Weise aufbereitete Ideologiekritik einem breiten Publikum eben keinen Durchblick, sondern nur die illusionäre Nische und damit die Bestätigung der sonstigen Anpassungsleistungen liefern kann, muss gar nicht weiter verwundern.

Mit der Ottoshow ist ein Beobachtungsfeld gegeben, in dem die Verquickung von Steuerung, Verschleierung, Erleichterung und Illusionierung von Erwartungsschemata und Verhaltensformen in ähnlicher Weise zum Tragen kommt, wie bei den urtümlich gewachsenen und nicht lediglich verwalteten Funktionen des Mythos und der Religion. Und es ist so sauber und eindeutig heraus präparierbar, dass daran auch für den Konsumenten nachvollziehbar wer-

den kann, aus welchen Bedürfnissen Werbe- und Unterhaltungsästhetik ihre Wirkungskraft ziehen.

Die Frage muss jetzt anders lauten! Nämlich: Wie findet es im Einzelnen statt, und welche realen Konsumentenbedürfnisse können
sich hier im Gegenzug zur übermächtigen Alltagsverblödung noch
artikulieren? Welche kritischen Restbestände sind tatsächlich noch
aus alltäglichen Bedürfnissen abzuleiten, und zwar in für den Konsumenten einsichtiger Form? Warum wird die Kritikkonserve für
genießbarer empfunden als die wirkliche Kritik?

W. F. Haug hat im Anschluss an die 'Kritik der Warenästhetik' über
das Problem der Vermittlung seiner Einsichten an den durchschnittlichen Verbraucher einige Überlegungen festgehalten, die ursprünglich für den Fernsehfilm 'Der schöne Schein der Ware' gedacht war-
en, die aber weit darüber hinausreichen, nachdem dem Film eben
diese Vermittlung nicht gelingen wollte. Es sollte gezeigt werden,
wie Warenästhetik entlarvt und um ihre Faszination gebracht werden kann. Es ist der schöne Schein der Ware, der zum Kauf verführen soll und der Qualitäten verspricht, die mit der Ware selbst nichts
zu tun haben. Schon Marx sprach von den theologischen Mucken
der Ware. Es geht darum, die Wirklichkeit des schönen Scheins kritisch darzustellen, aber die einfache Abbildung der Oberfläche reproduziert nur deren Faszination, und die bildlich-sinnliche Faszination zeigt sich stärker als der bloß verbale Kommentar. Damit stellt
sich die Frage, weiche Sprache der Kommentar sprechen sollte, um
gegen die warenästhetischen Bilder anzukommen. Eine Sprache, die
keine Distanz zu den jeweils gezeigten Phänomenen hat, die unmit-
telbar verständlich ist und doch das Wesen der Phänomene aussagt.
Da es falsch wäre, etwas zu zeigen, das sein Wesen nicht zeigt, und
dann dieses Wesen verbal zu benennen, da es aber schon nicht möglich sein kann, das soziale Wesen der Warenästhetik sichtbar zu
machen, wenn zu diesem Wesen notwendig gehört, gerade nicht
sichtbar zu sein, ist weder auf die Präsentation noch auf den kritischen Kommentar allein zurückzugreifen. Die zunächst nicht mögliche Sprachform des geforderten Kommentars soll nach Haug
schließlich doch einzuholen sein durch die Konstruktion der Warenästhetik bzw. ihres jeweiligen Gegenstands, die ihn durchschaubar macht, die ihn als das Normale durch bestimmte Aktivitäten ent-
larven kann, die ihn als wandelnden Widerspruch erkennbar werden

41

lässt durch den ständigen Gegensatz von Alltagsrealität und Schein-Welt.

Haug schlägt eine Durchdringung von Kommentar und bildhafter Präsentation vor, die die kritischen Einsatzstellen an den Gegenständen selbst aufzeigt, indem ihre Erscheinung in ständigem Wandel zwischen Gegensätzen sichtbar wird. Seine weiteren Ausführungen über die Art und Weise einer solchen kritischen Darstellung sind für das Phänomen Otto von keinem Interesse, von besonderer Bedeutung aber ist die Frage nach der Sprachform und die Möglichkeit einer Durchdringung von kritischem Kommentar und dargestelltem Ausschnitt der Warenwirklichkeit. Und was für die Warenästhetik als Problem aufgezeigt werden kann, gilt in gleicher Weise für die Unterhaltungsästhetik; die Darstellungstechniken einer Ottoshow führen die von Haug reklamierte Sprachform vor.

Die Ware Otto, das Markenzeichen Otto und die Gegenbewegung der Witzarbeit leben von der unmittelbaren Nähe zum vorgeführten Gegenstand und sagen durch den blitzartigen Wandel der Einstellungen und Präsentationsweisen mehr über ihn aus als manche weit daher geholte Theorie, die doch nur die wenigsten bereit wären, überhaupt anzuhören. Es ist die Leistung der aus der Zusammenstellung disparatester Werbe- und Unterhaltungszitate hervorgehenden Witze, einen Geistesblitz zu zünden und dadurch kritische Einsicht aus der Sache selbst gegenwärtig zu machen. Die genormten Erwartungen und Erfahrungen werden in der entbindenden Arbeit des Witzes nicht nur fraglich und durchschaubar, die Rationalität der Anpassung an die geltenden Normen kann kurzzeitig als unzumutbare Entfremdung erfahren werden, der gegenüber die freie Beweglichkeit und Wahlmöglichkeit der Witzarbeit dann als Alternative erscheinen. Im auch wieder konventionalisierten Rahmen der Ottoshow finden sich damit die Ansätze zu einer anderen Vernünftigkeit und zu dem Menschen angemesseneren Normen – dass diese im Lachen wieder verklingen, muss in diesem Zusammenhang nicht weiter interessieren. Nicht nur der Gegensatz zwischen Alltagsrealität und Scheinwelt wird offensichtlich, viel mehr noch, wenn auch der Scheincharakter der Alltagsrealität zu erahnen ist.

Freud hat beschrieben, dass der Witzvorgang an drei Personen gebunden ist, den Erzähler, das Objekt und den Hörer, während sich die Komik aus dem Vergleich zwischen zwei Personen ableitet. Da in der Ottoshow Witz und Komik in eine intensive Verbindung getreten sind, muss diese Kennzeichnung entsprechend erweitert werden. Indem bei der Komik der Darstellung der Lachende zum Verlachten in das Verhältnis von 1. zu 3. Person tritt, wird er, wie es K. Stierle in Anlehnung an Freud und über ihn hinausgehend gezeigt hat, zur gesellschaftlichen Instanz, die prinzipiell der Zustimmung anderer bedürftig ist. Der Lachende ist nur dann nicht selbst komisch, wenn der Grund seines Lachens gerade nicht subjektiv ist, sondern allgemein geteilt wird. Es ist diese alternative Allgemeinheit, die sich kurzzeitig in einer Ottoshow durchsetzen kann. Erleichtert und unterstrichen wird das dadurch, dass das Phänomen Otto ständig zwischen der 1. und der 2. Person des Witzvorgangs schwankt. Er bereitet den Witz auf, befindet sich in der Rolle des Erzählersubjekts, um den lachenden Dritten die Mühe der Witzarbeit abzunehmen, aber er stellt auch die verlachte 2. Person dar, das Objekt der Tendenzen des Witzes, und fördert durch die komische Aufbereitung auch die Kommunikationssituation, die den lachenden Dritten die Möglichkeit einräumt, zu Subjekten dieses Prozesses zu werden und die Autonomie der 1. Person zu teilen.

Was für die Alltagsrealität Entfremdung und falsches Bewusstsein ausmacht, kann durch das Komische in Anschaulichkeit überführt werden, während der Witz dann sogar an die die Anschauung begründende Theorie anklingen kann, im Witz wird der begriffliche Rahmen zusammengezogen. Bei Stierle findet sich dazu der wichtige Hinweis, dass Gegenstand des Komischen ist, was eine Kultur als System bedroht: einerseits der Rückfall in Natur, andererseits die Abgeschnittenheit der Kultur von der Natur, ihre unvermittelte Absolutsetzung. Entfremdung und. falsches Bewusstsein decken sich zwar nicht völlig mit der Absolutsetzung der Kultur, den vielen Darstellungen der Überangepasstheit- zu erinnern ist daran, welchen hohen Prozentsatz an den Ottodarstellungen das Spiel mit der Sexualität bzw. mit der polymorphen Perversität ausmacht. Aber sie liefern den Grundstock, an dem die darüber entwickelte Witzarbeit wirksam werden kann, ähnlich wie die anarchische und archaische Position des Clowns, die für den Rückfall in Natur stehen mag, einen Grundstock dafür abgibt. Dem Grad der dargestellten Entfremdung, entspricht das Maß des mobilisierten Lernvermögens.

Damit ist noch einmal auf das von Freud beschriebene Verhältnis von Führer und Masse zurückzukommen. Das komische Idol nimmt die Beziehung zur Masse auf, indem es den Mangel an sexuellen Strebungen leibhaft vorspielt, Kastration oder Asexualität, es durchbricht die Bereitschaft zur Suggestion aber schon durch ständige sexuelle Anspielungen und Witzeleien. Das vom kleinen großen Mann benötigte Feindbild wird aus den Alltagsreaktionen des Publikums zusammengesetzt und dann den Tendenzen der Witzarbeit unterworfen. Ein weiteres Unterlaufen der Beziehung zwischen Führer und Masse, die schließlich kurzzeitig sogar ad absurdum geführt werden kann, wenn Führer und Feindbild in der komischen Darstellung verschmelzen und eine alternative, der Fan-Gemeinde fremde Kommunikationssituation möglich wird, die der sonst nur manipulierten Masse die Teilnahme an der subjektiven Position der Witzarbeit aufschließt. Zur Lust aus dem Gewährenlassen verdrängter Strebungen, wie sie für den Witz üblich ist, tritt hier noch die Freude an Lernvermögen und Autonomie, gerade weil sie in der Alltagsrealität wohl selten gefragt sind.

IV DER WECHSEL DER MASKEN

Die Suche nach dem identischen Zentrum, nach der Substanz des Phänomens Otto könnte zu der Frage führen, wie es aussehen würde, wenn jemand Otto persiflierte. Die überzeichnende Nachahmung könnte erste Hinweise liefern, von denen auszugehen wäre, um eine Konstruktion aus der Zusammenfassung typischer Kennzeichen zu leisten. Doch da zeigt sich eine Schwierigkeit, der mit dem urtümlichen Vermögen der Nachahmung nicht mehr beizukommen ist. Was kann eine Persiflage der Persiflage überhaupt für identische Merkmale beibringen? Es gibt eine einfache Komik der Nachahmung, und die wird von Otto am laufenden Band eingesetzt. Nicht nur andere Stars, sondern alle typischen Zeichen der Werbe- und Unterhaltungsästhetik werden von ihm aufgenommen und überzeichnet. Wollte nun jemand daran anknüpfen und die überzeichnende Nachahmung wiederum nachmachen, so wäre damit noch immer nichts Weiterführendes für die Identifizierung gewonnen. Macht er es gut, so ist es ganz Otto, noch einmal Otto, macht er es nicht genauso, so heißt das, er schaffe die Kopie nicht, heißt das, er habe Otto nachgemacht, aber weniger gut. So konnte die Fernsehansagerin anlässlich der Wiederholung der ersten Show behaupten: Otto kann man eigentlich nicht persiflieren, das kann nur er selbst.

Wenn es nun aber nicht an den überzeichnenden Darstellungen der Markenzeichen der Unterhaltungs- und Werbeästhetik hängt, so ist der identische Kern tiefer zu suchen; nicht die Nachahmung, sondern die Art und Weise, für welche Tendenzen sie in Dienst gestellt werden kenn, muss hier interessieren. Dann hat allerdings die Frage nach der Identität als Substanz jeglichen Sinn verloren, sie erinnert nur noch an das überaltete bürgerliche Bedürfnis, nach dem Charakter zu fragen, während gleichzeitig die zugrunde liegenden gesellschaftlichen Prozesse verdrängt werden wollen. Das identische Zentrum muss eines sein, das nur als Funktion oder Prozess zu verstehen ist, und damit kann die Nachahmung tatsächlich nur eine untergeordnete Rolle spielen.

45

Dagegen interessiert, welches Interesse auf Seiten des Publikums mit welcher Technik der Darstellung übereinstimmt, welche verdrängten Tendenzen sich darin artikulieren wollen. Einen ersten Ansatz dazu liefert die Mimikry des Kleinen, des Zukurzgekommenen, die dieser Star als Maske ausgebaut hat – in einer Gegenbewegung zu den sonst in den Stars personifizierten Größenphantasien. Ist es auf den ersten Blick nicht mehr als die Funktion, die früher der Hofnarr und später dann der Clown innehatten, so zeigt sich beim genaueren Hinsehen viel mehr als das Zugeständnis an die auf dem Kontrast zu alltäglichen Träumen beruhende Publikumswirksamkeit. Zwar darf nach der festgestellten Unmündigkeit der geschminkte Hanswurst die, an der Norm gemessen, missliebige Wahrheit endlich einmal ungeschminkt aussprechen, aber weil es im Rahmen der Tollpatschigkeit geschieht, ist die Wahrheit damit schon wieder erledigt – ein kulturelles Abfuhrphänomen, es darf gelacht werden. Aber es steckt mehr dahinter, als das Publikumsbedürfnis am verdrängten Trieb, an der missliebigen Wahrheit erkennen lässt; da darf sich auch der Zweifel am Individualismus, am gewachsenen bürgerlichen Charakter zu Wort melden. Eben weil die Werbe- und Unterhaltungsindustrie die Illusion des Charakters, des Individuellen, immer wieder neu aufbereiten muss, um ihre Produkte als Fetische dieser Qualitäten ausgeben zu können, lässt diese Illusion als Manipulationsfundus doch manches schlechte Gefühl zurück, es ist alles nicht mehr ganz echt. Die im Phänomen Otto ablaufenden Prozesse zeigen, wie der Prothesenmensch sich in einer Welt aus Plastik zurechtzufinden hat.

Vielleicht gibt es Otto als Star gar nicht, vielleicht ist er nur die Alternative zur Starfunktion? Diese Vermutung kann natürlich so nicht stehen bleiben, der Star Otto ist nicht wegzuleugnen. Aber sie zeigt am klarsten, um was es bei der Frage nach dem Phänomen Otto geht. Gerade weil einer für die verschiedensten Erwartungen und Bedürfnisse den Projektionsschirm abgibt – Erwartungen und Bedürfnisse, die illusionär ganz prächtig eingedeckt werden, aber dabei den schlechten Geschmack zurücklassen, als sei das alles nur Beschiss –, kann ihre Durchbrechung den Eindruck erwecken, sie wären hier und endlich einmal Ernst genommen worden. Der Schirm vermittelt den Eindruck, als ließe sich darunter ein trockenes Plätzchen finden. Das Bedürfnis, aus dem allgemeinen Manipulationssumpf herauszukommen, scheint hier befriedigt zu werden.

Aber das ist es auch nicht! Nicht umsonst kann der übliche Rummel der Medien, auch um Otto, darauf aufbauen, nicht umsonst können in den zu bestimmten Interpretationen, zu normgerechten Einschätzungen, verlockenden Meldungen und Kommentaren geschickter Öffentlichkeitsarbeit Prozesse aktiviert werden, die auch wieder zu Konsum und Anbetung verführen, die aber nichts mit dem Phänomen Otto zu tun haben. Obwohl oder gerade weil der Rummel dadurch bedingt ist, dass jeder meint, seinen Otto zu kennen wie seine eigene, über jede Kritik erhabene Persönlichkeit.

Die Maschine läuft so perfekt und völlig reibungslos, weil zur Wirkung des Phänomens Otto schon der schnelle Wechsel der Masken und Rollen dazugehört, weil es gar nicht mehr ohne diesen Wechsel vorgestellt werden kann. Als Alternative zur Starfunktion ist er gleichzeitig ein Star und ein Repräsentant des Jedermann, ohne dass das, wie es zum Starkult gehört, nur vorgespielt wäre, um damit die Rechtfertigung des Sternchenhimmels zu begründen. Der Jedermann – "von und mit Otto Normalverbraucher" –, der hässlich oder doof ist, ein Trampel oder schmierig glattgeleckt, ein borniert Hinterwäldler oder ein debilisierter Großstadtbewohner; die Aufzählung lässt sich weiterführen, aber nicht abschließen. Die überzeichnende Darstellung mag in manchen Fällen beklemmend wirken, aber sie mobilisiert eine komische Lust, die nicht nur Lust an der Komik ist. Der schnelle Wechsel der einzelnen Rollen greift viel tiefer in das System der Bedürfnisse ein, er zeigt die erträumte Beweglichkeit der zur geistigen Immobilität verdammten Konsumenten. Führen schon die einzelnen Rollen nachgemachte Menschen vor, im wahrsten Sinne des Wortes, die Bewohner künstlicher Welten, so wird dieses Paradies der wandelnden Unfähigkeiten, wie es Werbung und Unterhaltung voraussetzen, im selben Augenblick zum Wahnsystem, in dem die einzelnen Rollen wie die Garderobe gewechselt werden können. Sind Mannequin oder Dressman die Hauptrollen jedes Stars –, in einzelnen Rollen aufzugehen und das Bedürfnis nach Charakter und Individualität derart zu verkörpern, dass es zur glaubwürdigen Verdummung herhalten kann – so zeigt sich eine letzte Möglichkeit der Freiheit in dem verquerenden Spiel, mit Charakter und Individualität umzugehen, als seien es bloße Rollen. „Die Welt ist ein Arsenal voller Masken", schrieb einmal W. Benjamin – die Freude an der Beweglichkeit, am schnellen Wechsel der Masken, weist auf das alltägliche Bedürfniskorrelat zu den Einsichten soziologischer Rollentheorie oder auf die Erleichterungen, die das psychoanalytische Verständnis dem Umgang mit dem eigenen Ich bereiten kann – für J. Lacan hat das Ich die Funktion einer Metapher.

Aber hinter dieser Freiheit des Rollentauschs kommt ein neuer Zwang zum Vorschein, auch der Rollentausch verweist auf ein Realitätsprinzip, und zwar auf das des Arbeitsalltags. Und diesem Zwang kann zwar durch Perfektion genügt werden, aber das mit ihm verbundene Grauen ist nur noch im Lachen zu besänftigen, Befreiung wird nicht mehr versprochen. Auch darin zeigt sich ein Identifikationsprinzip für den Jedermann. Besonders deutlich tritt das an der Einleitungsszene zur Fernsehshow vom 11.11.83 hervor. Ein Otto in der Erscheinung des Weltmannes aus der Operette. "Ich brauche – keine – Millionen ... " säuselt es noch vor ihn hin, während er aus seinem Garderobenschrank tritt. Der Operettenplayboy ist formvollendet, selbstgefällig und im tragbaren Gefängnis der durch den Frack beschworenen Konvention eingeschlossen, eine unerwartete und, auf die Show bezogen, unpassende Maske – der Besuch aus einer anderen Welt. Otto der Erfolgreiche, lässig, charmant usw. zitiert ein längst verblichenes Klischee und schleicht sich damit in den morastigen Untergrund des heutigen Starkults ein. Der Traum ist die verdeckte Erfüllung eines unterdrückten Wunsches, hier ein Traum von vorgestern, wie er nur noch in den Charakterdarstellungen der Regenbogenpresse nachlebt und die Erwartungen des Starkults düngen soll. Diese andere Welt beginnt hinter den Türen eines Garderobenschranks, zwischen Kostümen und altertümlichen Säckchen voll Mottenkugeln.

Mit diesem fremden Ottobild, aus dem kastrierten Versager ist der erfolgreiche Weltmann von vorgestern geworden – der Traum, wie der Wechsel der Rollen und Statuszwänge für den Angepassten ablaufen sollte, wenn die Wirklichkeit nicht wäre –, wird die Erwartungshaltung an den Star zitiert, um in der anschließenden Umkleideszene dann scheinbar widerlegt zu werden. Scheinbar, denn tatsächlich wird nur ein Rollentausch vorgeführt, der vom Starkult lebt, gerade weil er ihn durchbricht. Die Folie für die folgende Show wird vor dem mit dem Blick hinter die Kulissen geköderten Publikum aufbereitet, während gleichzeitig für den Menschen im Star plädiert werden kann, dieser Rollentausch führt seinen Arbeitsalltag vor. Das wäre nun nicht mehr, als die Öffentlichkeitsarbeit für den normalen Star auch aufbereitet, wenn er zum einen als VIP, zum anderen in seiner um Identifikation werbenden Menschlichkeit verabreicht wird. Aber es ist mehr, es ist die anonyme Stimme aus dem Lautsprecher, die die Anweisungen gibt, wie der zerstörte, kleine, zu kurz gekommene Mensch   hergestellt werden muss. Das führt zur neuen Aufmachung des Clowns für den Videobetrieb, die anarchischen und sich der Norm aus Unverstand nicht fügenden Äußerungen werden schließlich immer erst durch die herrschende Norm produziert.   Wir haben hier die Durchdringung des Alltags mit der Technik greifbar, vom Radiowecker über die Stechuhr bis zum Fernsehfeierabend, der anonyme Lautsprecher zitiert das Realitätsprinzip des Arbeitsalltags der Angepassten.

Die Masken müssen im Stress gewechselt werden, der die Notwendigkeit des schnellen Lebens der Rollen erst erfordert, Frack und Stöckchen verschwinden, die Haare werden verstrubbelt, die konventionelle Form fällt ab, und ein vibrierender, von der Not des Augenblicks geschüttelter Körper hat sich seinem Spiegelbild im Gesicht des Ich zu stellen: "der Rocker, der Pfarrer, der Hase, der Bayer, die Jongliernummer, Harry Hirsch ..." alles Markenzeichen früherer Shows, das in dem Markenzeichen Otto als Niederschlag früherer Präsentationsweisen erscheinende Identifikationsprinzip.

Hier ist die Frage angebracht, warum die Maskenprobe, die Großvaterhose und der ausgefranste Hemdärmel, die Rollschuhe und die Turnschuhe, der vorgespielte Stress des heutigen Großstadtbetriebs und ähnliches, die ja alle zur folgenden Show überleiten, doch ganz zielbewusst auf die gerade abgelegte Marke des Weltmannes abgestimmt sind. Vielleicht hat heute der Weltmann sich so zu verhalten, gerade was die Erwartungen des Publikums betrifft, vielleicht zeigt sich auch da noch die Souveränität des Maskenspiels, im Kontrast zu den angepassten Bemühungen, aufgezwungenen Rollen möglichst durch den Traum vom eigenen Charakter die Entfremdung zu nehmen. Entfremdung spielt die Garderobenszene vor, aber in anderen Zusammenhängen. Der stressgepeitschte Ottodarsteller macht doch gleichzeitig gar keinen so gestressten Eindruck, nimmt man Bewegungsformen und Gestik für voll, so ist alles liebenswürdig weich und rund, die Vergesslichkeit zwar als Maske des Stress, doch die Beweglichkeit wiegt vor, da ist noch nichts zur zackigen Dressur des Automatismus verkommen.

Der Anzug nimmt ein sublimiertes Bild des Clowns auf, die Herstellbarkeit von Rolle und Maske mag auf die Erleichterung verweisen, die die Illusion des schnellen Wechsels bereitet, gleichzeitig artikuliert sich darin ein Jenseits des Rollenverhaltens – je ausgeprägter die Wirkungen des Phänomens Otto sind, je weniger kann es die Rolle Otto geben. Das Identifikationsprinzip beruht auf dem Durchbrechen der Identifikation, und das damit abgerufene Lernvermögen steigt mit dem Grad der dargestellten Entfremdung. Alle Wahrnehmung verdinglicht, Prozesse und Funktionen sind nur dem Denken nachvollziehbar, das sich der in allen alltäglichen Belangen trainierten Tendenz der Verdinglichung entziehen kann, und trotzdem gelingt es hier, derart abstrakte Vorgänge wahrnehmbar zu machen.

Die nachgemachte Schnelllebigkeit der Zeit wird abgestimmt auf die heute übliche Forderung an den Einzelnen, variabel einsetzbar zu sein. Nicht nur im Einklang mit den Normen des Arbeitsamtes zu leben und die Bereitschaft zu zeigen, im Leben mehrere Berufe und nicht mehr fürs Leben zu lernen, sondern mehr noch, in allen menschlichen Belangen zur völligen Variablen zu werden. Lebt die Überzeichnung einer Rolle von der Komik der Entfremdung und weist damit auf die positive Freiheit des Rollenwechsels, so ist mit der alltäglichen Anforderung, in den verschiedenen Kontexten ein ganz verschiedener Mensch zu sein, eine Beklemmung abgerufen, hinter der ein allmächtiger Nihilismus auftaucht. Im selben Maß, in dem die Lebenserfahrung an Kurswerten verloren hat, haben sich die Werbesprüche und Lebenssinnkonserven der Konsum- und Unterhaltungsindustrie an deren Stelle gesetzt. Nummern und Signale, Manipulation und alltägliche Zwänge liefern ein notdürftiges Gerüst, aber der Halt, den es versprechen kann, ist schon einer, bei dem nur zu hoffen steht, dass man sich nicht noch auf ihn verlassen muss. Die Komik nimmt dem neuen Urwaldcharakter der Welt kurzzeitig die Panik auslösenden Energien und formt sie um, für die Wirkung des Phänomens Otto aber ist entscheidend, dass die Panik auch immer vorgeführt werden kann. Besonders deutlich wird das an der später noch genauer zu untersuchenden Sendung für das aufgeweckte Kind. Erst hiermit wird das widerspruchsvolle Erscheinungsbild – die Manipulation steht gegen die Entkrampfung, der vorgespielte Kastrat gegen den millionenschweren Star – auf sein Wirkungspotential hin durchsichtig.

Um das Stichwort Nihilismus der Werbe- und Unterhaltungsindustrie nicht so stehen zu lassen, soll kurz noch die Verarschung der Waschmittelreklame betrachtet werden. Nebenbei mag daran noch einmal deutlich werden, wie fraglich ein Versuch ausfallen müsste, Otto zu persiflieren. Wenn es der sozialisierenden Funktion der Werbung auf den Grund geht, wenn die Reklame in ihrem zum Kauf veranlassenden Ernst als Darstellung einer Kommunikationssituation ernst genommen wird, kommt der auf variablem Tausch beruhende Sozialisationsschwachsinn zum Vorschein. Nichts gegen Nichts. Wenn Otto den typisch perfektionierten Werbeheini und sein Publikum, die Befragungssituation oder die angemaßte Überzeugung von irgendwelchen aufgedonnerten Werten dann darstellt, unterlegt er gleichzeitig einen derart hohlen und demaskierenden Text, spielt den Schwachsinn mimisch und gestisch vor, und er unterscheidet sich in nichts von der Seriosität des Vorbilds, dass nur noch der Nihilismus, die tatsächliche Abwesenheit aller Werte zu erkennen ist. Die Verdinglichung, so sehr sie auch im abhängigen und manipulierten oder manipulationshungrigen Hirn stattfindet, wird auch aufgehoben, um als neue Bewegung in der Bestätigung des ungeheuer Komischen wieder aufzulaufen. Wer würde über diese aufhebende Demaskierung lachen, der gleichzeitig noch mit der Mühe geschlagen ist, ihr im eigenen Leben keinen Platz einzuräumen, die verdinglichende Funktion muss wohl als vorherrschend eingesehen werden. Hier wird der parasitäre Status der Lust an der Komik besonders deutlich. Ob die Lebensanweisungen für das in der Anpassung stillgestellte Leben vom Schlager und vom Werbespruch kommen oder ob bei Otto die Restbestände eines daraus hervorgehenden Unbehagens durch eine kurzzeitige Stimulierung des Kritikvermögens und ihrer beruhigenden Abfuhr Im Lachen stattfinden können, der Konsument selbst scheint nicht mehr in der Lage, scin Bedürfnis noch ernst zu nehmen.

An diesen negativen Äußerungen über die Publikumsreaktion, der auf Verblödung getrimmten Erwartung, zeigt sich das Gegenstück des allmächtigen Nihilismus. Dass die kritische Darstellung umgebogen werden kann, stellt längst kein Problem mehr dar, aber dass kritisches Potential vorhanden ist und nicht nur genossen werden will, interessiert hier mehr. Es finden sich manche Ansätze darin, wie dieser nicht erkenntnisfördernde, sondern nur verdumpfende Nihilismus angegangen werden kann. Auch Otto ist eine Variable, das Gegenstück zu einer Marktlücke. Die vielen und scheinbar so subjektiven, privatsprachlichen Ereignisse auf der Bühne kommen schließlich nur zustande, weil sie gesellschaftlich präformiert sind. Das kritische Bedürfnis, selbst wenn es sich sonst nicht mehr offiziell äußern soll, wenn die Negationsfähigkeit schon verdrängt ist und nur noch in den alltäglichen Unzufriedenheiten nachklingt, hat manchen Ort gefunden, Nischen der Anerkennung, die nur deswegen zum Konsum taugen, weil damit auch wieder die Wirkung absorbiert ist. Und das ist ganz sicher ein gesellschaftliches Phänomen, mit Otto hat es genauso viel zu tun, wie er den Riecher dafür hat, für dieses Bedürfnis einzustehen, im schnellen Wechsel der Nichtvorhandenheit.

Vielleicht wäre es möglich, Otto zu persiflieren, aber eben nur, um wieder Otto zu produzieren – Gesetzmäßigkeiten aufzustellen, wie einer Gesichter krampft, Sprachfiguren aufnimmt und verformt, um dann ein Schema rhetorischer Figuren aufzustellen. V. Packard hat gezeigt, wie der ganze Fundus der antiken Rhetorik, angereichert durch ein paar psychoanalytische Einsichten, in der modernen Werbung wieder aufgelebt ist. Wenn schon kein transzendentaler Sinn mehr vermittelt werden kann, wenn für die Philosophie im 20. Jahrhundert die Transzendentalität zu der der Sprechergemeinschaft wurde, so verkürzt die Werbung das Verhältnis nur um das Prinzip der Autonomie, viele Sinne werden geschaffen, entsprechend den einzelnen Anforderungen der –Werbewirksamkeit

Nun zur Originalnachahmung der Waschmittelreklame: „Meine Damen und Herrn, wir von der Firma Schenkel haben uns etwas überlegt: Bisher konnten wir Sie mit einem 3-Kilo-Paket Waschpulver erfreuen. Jetzt bietet Ihnen die Firma Schenkel zwei 3-Kilo-Pakete Waschpulver zum Kauf an. Denn an einem 3-Kilo-Paket verdienen wir uns nur dumm ... an zweien jedoch dumm und dämlich. Gut'n Abend."

Zur Komik der Nachahmung kann noch die Feststellung treten, dass der hässliche Otto auch in einen schnuckeligen Darsteller verwandelt werden kann – ein Fehlschluss, der auf der Verwechslung eines

Markenzeichens mit einem Menschen beruht und auf der Illusion manches Hässlichen aufbaut, der meint, dass er, wenn er nur wollte, auch zur Schönheit umzuschminken wäre. Aber dieser publikumswirksame Effekt interessiert hier nur nebenbei, im Zusammenhang des Staunens, warum sich dieser durchschnittlich konzipierte Werbespot gar nicht von einem Ottospruch – und umgekehrt – unterscheiden lässt. Zu erinnern ist daran, dass in den letzten hundert Jahren immer mehr unbewusste Prozesse in die Werbung integriert worden sind. Auch in der Werbung ist Traumarbeit am Wirken, nur wird sie hier nicht zur Entgrenzung und Durchbrechung von Gewohnheiten eingesetzt, um unverstellte Erfahrungen möglich zu machen, sondern der innovative Zug soll lediglich als Köder dienen. Dieser Köder wird von der Darstellung Ottos zurück gebunden an das Leistungsprinzip – es geht ums Geld, aber das macht auch den einzigen Unterschied aus, und trotzdem oder gerade deswegen ist es lustig.

Der Originalspot aus dem Werbefernsehen ist schon umwerfend blöd, aber seltsamerweise scheint das nicht mehr genug aufzurütteln, um gegen den Erfolg solcher Werbung zu sprechen. Bei manchem mag der völlig unlogische Spruch vielleicht noch an Hamsterkaufbedürfnisse appellieren, aber der glattgeleckte Werbehein mit dem Gestus des Wissenschaftlers ruft tatsächlich Vertrauen und Sicherheit ab. Und seltsamerweise funktioniert das, sonst wäre die Ottodarstellung nicht komisch, und es funktioniert, weil tatsächlich gar keine Information geliefert wird. Ob ein oder zwei Pakete, was spielt das für die Qualität des angepriesenen Produkts für eine Rolle, aber es erinnert an die sinnleer gewordenen Übungen einer auf Tautologien begründeten Logik, es liefert einen wissenschaftlichen Anstrich, der schon ausreicht, weil der Wissenschaftsbetrieb dem alltäglichen Verständnis so fremd geworden ist, dass dafür der seriöse Schein mehr als genug ist.

Die Werbung ist schon blöd genug, ob der Waschmittelvertreter – "er dreht jedem etwas an, dem Papst ein Doppelbett" – oder die neuen Helden aus der Zigarettenreklame – "natürlich rauche Ich, meine Maschine raucht ja auch" –, ob der modische Kleiderständer – "Hosenkauf ist Vertrauenssache" – oder die normgerecht individualisierte Durchschnittsfamilie – "Mutti, warum sind deine Hände so zart? Ja, weil Papi immer abwäscht" – eigentlich müsste das doch ausreichen, um sich darüber totzulachen. Ein zufälliger Spaziergang durch Einkaufszentren, der Blick in die Schaufenster und die Stimulation durch die Werbung, einmal abgesehen von dem Grauen, das die Plastikpuppen vermitteln können, wenn sie schon lebendiger, in sich gerundeter erscheinen, als die an ihnen vorbeihastenden, anonymen Maskengesichter. Und trotzdem lacht sich keiner tot, trotz der in die Werbeproduktion eingegangenen Traumarbeit, die so viel mit dem Witz gemein hat. Der Zweck, zum Kauf zu veranlassen, führt zum Erleiden der Manipulation: Dementsprechend sehen die Gesichter aus, vom Lachen keine Spur, eher ein Abblocken – nur nicht zuviel mitbekommen! Auch da ist wieder ein Realitätsprinzip zu entdecken, dieser fast mythische Ernst der Ausgeliefertheit braucht ganz andere soziale Nischen, um sich wieder im Lachen zu erleichtern.

Die Ottodarstellung dieses Spots folgt auf keinen Fall dem Zweck, zum Kauf zu stimulieren, schon allein der ästhetische Rahmen liefert die Entschärfung, um auf eine andere Realitätsebene umschwenken zu können. Was geschieht also? Nur die Inszenierung des Unterschieds! Dass er vorführt, was ja tatsächlich der Fall ist, was hinter jeder Reklame steckt, Tausch- und Marktmechanismus, begründet noch lange nicht, warum die ideologische Maske und die Demaskierung nahezu identisch sind. Der tatsächliche Grund stimmt mit der Schwierigkeit überein, die sich bei dem Versuch einer Ottoimitation zeigen würde. Gerade wenn Otto sich nicht selbst darstellt, tritt das Phänomen Otto besonders klar hervor, seine Wirkung und auch die der persiflierten Waschmittelreklame beruhen auf dem Durchbrechen jeglicher Identifikationszwänge.

Seine auf Komik und Witz aufbauende Darstellung ist in jenem ästhetischen Mittelbereich angesiedelt, in dem es um die Darstellung einer Darstellung geht, sie ist kein Mittel zum Zweck, Kaufverhalten anzuregen oder zu boykottieren. War schon die idealistische Ästhetik in einem Mittelbereich zwischen Subjekt und Objekt, zwischen Logik und Ethik eingerichtet gewesen, so hat eine materialistische Ästhetik heute nicht nur diese Mittelstellung aufzunehmen, sondern sie auch weiter auszurichten nach zwei Bereichen, die viel wichtiger als die schon genannten geworden sind: Politik und Konsum.

Das dargestellte Mischgebilde aus Mamas Liebling und Werbepsychologe mag im Kontrast stehen zu der Erwartungshaltung: dünn, hässlich, quirlig, aber Otto; es mag weiter dazu einladen, die dem Lebensalltag ständig präsentierten Charakterdarsteller als Repräsentanten zu verstehen und auf ihre tatsächliche Funktion zu sehen; es bereitet schließlich die von Witz und Komik herkommende Entlastungsfunktion im Unterhaltungssektor auf und rettet die sich langsam verlierende ästhetische Distanz, die auch immer Spielraum bedeutet, in einen der lebenskräftigsten Bereiche: die Unterhaltung. Das ästhetische Prinzip ändert sich dadurch nicht: Was zur Sprache kommt, wird soweit ernst genommen, wie es nicht ernst genommen werden muss.

Wollte nun jemand diese Ottoszene nachahmen, müsste er das Prinzip der Darstellung ernst nehmen und die Spiegelung der Manipulation in der Ästhetik noch einmal spiegeln – erst dann käme auch dieselbe Funktion voll zum Tragen. Diese Spiegelung würde wieder aus dem ästhetischen Mittelbereich herausführen, nach oben oder nach unten. Das erste wäre die ans Bewusstsein appellierende Aufforderung zum Boykott, d. h. der Versuch, die Darstellung in Politik zu überführen, das zweite dagegen die verdumpfende Umleitung eines Bedürfnisses in Konsum, d. h. ein noch besserer Werbespruch. Und beides sind alltägliche Anforderungen, vor denen der Konsument in einer Ottoshow Zuflucht und Entlastungen sucht.

V SOZIALISATIONSAGENTEN

Werbung, Konsum und Unterhaltung stehen nicht nur in Wechsel-
bezügen, die in alle menschlichen Belange eingreifen und diese
modellieren wollen, sie sind sich ihrer Aufgabenstellung als Sozialisationsagenturen auch derart bewusst, dass sie als Unterrichtssitua-
tionen verstanden werden müssen. Der Supermann, die Idealfrau,
die normgerechte Familie oder die vorgeführte Arbeitswelt und
Freizeitgestaltung, stets liefern sie auch Lebensanweisungen, Identi-
fikationsprogramme, die neben der kurzfristigen Stimulierung zu
Kauf oder Ablenkung auch immer die langfristige Einsenkung verschiedener auf genormten Lebenssinn ausgerichteter Programmierungen ausmachen. In der 'Dialektik der Aufklärung' haben Adorno
und Horkheimer gezeigt, dass die Kulturindustrie nur die Fortsetzung des Arbeitsalltags mit anderen Mitteln bewerkstelligt, es geht
um Instrumentalisierung, Verkürzung von Erfahrung und variable
Einsetzbarkeit. Und mit dem auf den entfremdeten Arbeitsalltag,
der sich in weiteren Entfremdungen der Bedürfnisse und der Erleb-
nisqualität verlängern soll, ist es noch längst nicht getan, die Wiederkehr mythischer und theologischer Sehnsüchte garantiert erst die
Mächtigkeit der umfassenden Wirkungskraft der verabreichten
Sinnhorizonte.

In diesem Sinne ist auch das Phänomen Otto eine Sozialisationsagentur – eine komplementäre. Gegen das angedrillte reflektorische
Verhalten, die gezielte Ausschaltung des Bewusstseins durch Manipulation, der die Konsumentenreaktion als eine Art bedingten Reflex abrufbar werden soll, führt Otto mit seiner Verkörperung der
verschiedensten Erfahrungsmodi, die immer mit kritischem Reflex
durchsetzt sind, Geistesgegenwart vor. Er steht in denselben Zusammenhängen, die die Norm durchbrechende und Erfahrung garantierende Kunst einmal aufbereiten konnte. Auch da sind wir wieder bei der Traumdeutung – Schlafschutz und Wunscherfüllung –,
der politische Schlaf wird zwar aufrechterhalten, denn es stehen gar
keine Bedürfnisse dahinter, ihn zu durchbrechen; es ist der Schlaf,
der vor der Einsicht in die gesellschaftlichen Verhältnisse schützt.
Aber im Reservat der Künste, das ja für die Alltagsästhetik vom
Phänomen Otto wieder belebt werden kann, dürfen die zündendste
Bedürfnisse für eine Form der Ersatzbefriedigung umgeleitet wer-

den, und die Wünsche werden erfüllt, soweit sie sich auf die Imagination beschränken. Und trotzdem ist es mehr, gegen die Verlogenheit der daher gemachten Apologeten der Ersatzbefriedigungen können hier tatsächlich noch Restbestände tatsächlicher Bedürfnisse artikuliert werden. „Gegenwart des Geistes ist der Leib", hieß es einmal bei Benjamin. Dieser Sozialisationsagent spricht für die Legitimität unverstellter Erfahrung und bestätigt die anarchische Lust an der Durchbrechung und Nichtigstellung der Normen – eine letzte Einsatzstelle dessen, was sich früher als autonomes Ich gebärden konnte und tatsächlich immer schon deswegen versagen musste, weil es über die Illusion der Autonomie nicht hinausgehen konnte. Am Fetisch zu kleben, statt zur grundsätzlichen Relativität vorzustoßen, sowohl des Ich wie auch aller Normen und Setzungen.

Die Ansätze zu einer distanzierenden und kritischen Meinungsbildung fallen, wie es J. Habermas ausführlich darstellte – 'Strukturwandel der Öffentlichkeit' –, zusammen mit dem Entstehen der öffentlichen Meinung, die im Waren- und Nachrichtenverkehr ihre Ursprünge hat. Die öffentliche Meinung bildet sich im Laufe des 18. Jahrhunderts zuerst in England aus, die anderen Länder ziehen nach entsprechend der ökonomischen und politischen Entwicklung. Sie beruht auf öffentlicher Diskussion, die im aufblühenden Buchmarkt und Zeitungswesen ihr erstes Medium findet. Eine begründete Meinung soll durch Erziehung und Kommunikation des privaten Publikums gewonnen werden. Die Möglichkeit einer bürgerlichen Öffentlichkeit beruht auf der strikten Einhaltung der stattgefundenen Differenzierung von öffentlich und privat, wichtig für ihr erstes Medium ist auch, dass es den weiten kulturellen Umweg des gedruckten Wortes geben muss. Parallel zu dieser Entwicklung verläuft die Reduktion der Lebensform "Ganzes Haus" auf die Lebensform "Konjugale Kernfamilie".

Mit der Kleinfamilie entsteht innerhalb des privaten Bereichs das Reich der Innerlichkeiten, aus dem sich die Illusion des bürgerlichen Charakters speisen darf. Das Selbstverständnis des öffentlichen Räsonnements ist von jenen privaten Erfahrungen die aus der publikumsbezogenen Subjektivität der kleinfamilialen Intimsphäre stammen. Demgegenüber steht die politische Öffentlichkeit, die immer eine von der Obrigkeit reglementierte ist. Die wichtige Funktion der Literatur oder allgemeiner der Kunst ergibt sich aus der

Vermittlung des Erfahrungszusammenhangs der publikumsbezogenen Privatheit mit der politischen Öffentlichkeit. Die literarische Öffentlichkeit entwickelt sich zur Sphäre der Kritik an der öffentlichen Gewalt.

Schon seit der Mitte des 19. Jahrhunderts zeigte sich, dass die bürgerliche Öffentlichkeit in dem Maße die Kraft der kritischen Publizität zu verlieren begann, in dem sie sich weiter ausdehnte und den privaten Bereich unterhöhlte. Der bürgerliche Idealtypus sah vor, dass sich aus der wohlbegründeten Intimsphäre der publikumsbezogenen Subjektivität eine literarische Öffentlichkeit herausbildete. Sobald aber die literarische Öffentlichkeit in den Konsumbereich hinein wächst, wird die Trennung von öffentlicher und privater Sphäre aufgehoben, der Intimbereich wird entprivatisiert, und mit der konsumkulturellen Öffentlichkeit wirken die verschiedenen gesellschaftlichen Kräfte als Sozialisationsagenturen.

Mit diesem Abbau der Sozialisationsfunktion der Kleinfamilie – besonders kennzeichnend dafür ist der Verfall der väterlichen Autorität – werden jene Prägungen verwischt oder gehen sogar teilweise verloren, die es einmal möglich machten, von Humanität und Charakter zu sprechen. Das kritische Vermögen wandelt sich der Tendenz nach in Konsum, der Kulturindustrie gegenüber zerfällt der Zusammenhang öffentlicher Kommunikation in die immer gleichförmig geprägten Akte vereinzelter Rezeption. Der kulturelle Umweg des gedruckten Wortes verliert seine Verbindlichkeit, an seine Stelle treten die manipulativ viel wirksameren optischen und akustischen Rezeptionsweisen. Was vom öffentlichen Räsonnement erhalten bleibt, ist institutionalisiert und verwaltet, es nimmt selbst die Gestalt eines Konsumguts an. Die durch die Massenmedien verbreitete Kultur ist eine Integrationskultur; wo ein Bedarf an Öffentlichkeit vorliegt, muss sie von Fall zu Fall erst hergestellt werden. Es gibt sie nicht mehr, dem entspricht das Ausmaß der Rhetorik auf dem Weg in die verwaltete Welt.

Als Gegenbewegung zur Integrationskultur entwickelt sich allerdings nach und nach ein kritisches Artikulationsbedürfnis innerhalb von Subkulturen. Mögen diese kurzlebig sein und in mancher Hinsicht zu Modeerscheinungen degenerieren, so geben sie doch immer wieder neu den Ort jenseits der Institution ab, in dem sich Konfliktpotential noch spontan artikulieren kann. Waren es im 19. Jahrhundert die Klassengegensätze, die als Motor der Geschichte begriffen werden konnten, so sind im System der durch Massenmedien verwalteten Öffentlichkeit neue Konfliktzonen auszumachen, für die in den 60er Jahren der Schüler- und Studentenprotest, seit den 70er Jahren die ökologische Bewegung einstehen können. Habermas hat in seiner H. Marcuse zum 70. Geburtstag gewidmeten Arbeit „Technik und Wissenschaft als Ideologie", erschienen 1968, angedeutet, dass der Schüler- und Studentenprotest eben die Reibungsfläche für den entpolitisierten und sich durch Entpolitisierung legitimierenden Spätkapitalismus abgeben könne, die früher die Klassengegensätze ausmachte. Auf Dauer, durfte damals vermutet werden, könnte damit die Leistungs- und Konsumideologie zum Einsturz zu bringen sein. In den folgenden Jahren hat der Spätkapitalismus ein Integrationsvermögen gezeigt, das ihm nicht zugetraut worden war. Was als Kritik auftrat, konnte entweder als Konsum vereinnahmt oder als gesellschaftliche Randerscheinung ausgegrenzt werden, die Terrorismushatz lieferte für den zweiten Fall die am Massenwahn ausgerichtete Legitimation. Und auch von der grünen Bewegung ist ähnliches zu erwarten – das System ändert sich grundsätzlich nicht, aber es absorbiert alle wichtigen Impulse seiner Kritiker in einer Bewegung der Selbstregeneration. Das Phänomen Otto kann in das Kräftefeld dieser Selbstregeneration eingerückt werden.

Schließlich ist daran zu erinnern, dass das Artikulationsbedürfnis kritischen Potentials immer nur bei einer subkulturellen Minderheit, einer relativ kleinen Gruppe, tatsächlich lebt. Gerade das Gros der Mitläufer liefert die Bedingungen der Integrationsfähigkeit, mit denen die kritischen Impulse wieder umgebogen worden können in neue Anpassung. Diese bringt es mit sich, dass das, was zur Aufbrechung der gesellschaftlichen Legitimation taugte, schließlich wieder als Modeerscheinung versacken soll. Hier findet sich der legitime Ort des Phänomens Otto, es stellt eine Vermittlungsinstanz dar zwischen dem sich noch spontan artikulierenden Kritikbedürfnis und der Masse der angepassten, aber noch mehr oder weniger sensibilisierbaren Mitläufer. So gesehen steht es völlig in der Integrationsleistung der Unterhaltungsindustrie. Aus den tatsächlichen Abläufen einer Show wird erst deutlich, dass es innerhalb des Rahmens labiler Konsumentenmassen auch Statthalter kritischer Funktionen ist. Nicht als politische Instanz, sondern als Gewissensinstanz der Unterhaltungsindustrie führt es die Pervertierung des kritischen Bedürfnisses durch die Modeströmungen vor, bereitet eine öffentliche Sphäre auf, in der deutlich nachvollziehbar werden kann, wie der Konsum der Kritik wieder zur Kritik des Konsums der Kritik werden soll.

In den verschiedensten Zusammenhängen hat Horkheimer die unbehagliche Vermutung festgehalten, dass das kritische Vermögen auf dem Weg in die verwaltete Welt und der damit einhergehenden Ausschaltung der Autonomie des Individuums, in Hinsicht auf eine menschheitsgeschichtliche Entwicklung, als pubertäres Durchgangsstadium der Gattung Mensch erscheinen kann. Lange vor Pop- und Protestbewegung, in der die Pubertät sich erneut zu regen begann… Von der Instinktgebundenheit des Tiers sollte die davon abgelöste, dafür eintretende Funktion des Denkens – Denken nie nur als Mechanismus der Regulation, sondern als darüber hinausführendes Vermögen der Kulturproduktion – im geschichtlichen Fortgang übergehen in eine gesellschaftlich völlig bestimmte Funktion. Als Konditionierung hoch entwickelter Verhaltensformen habe diese, auf der Basis der Abrufbarkeit dem Menschen eine ebenso umfassende Regulation zu liefern, wie sie für den Instinkt des Tieres anzunehmen ist. So verfrüht diese Angst im Hinblick auf das subkulturelle Potential erscheinen mag, so gerechtfertigt ist sie in Bezug auf den durchschnittlichen Lebensalltag.

Gerade weil die Unterhaltungs- und Werbeästhetik daran arbeitet, den Menschen in einer ewigen Pubertät zu halten, Jugend ist Trumpf, verlieren tatsächlich die kritischen Energien der neuen Konfliktzonen an Boden. In diesem Zusammenhang ist dann das kritische Vermögen nicht mehr ein pubertäres Stadium der menschlichen Geschichte, sondern die durch das saisonabhängige Modebewusstsein bedingte Aggression verlängert die pubertäre Unmündigkeit des Konsumenten, und was sich noch als Kritik äußern darf, findet seine Artikulation und auch seine Abfuhr in kulturellen Nischen. Dort geht es dann um den verschleierten Beschiss. Die Kreativität der Uniformgestaltung taugt zum Selbstbetrug, während die Imagepflege des In-Seins zu einer Progressivität führt, die mit der tatsächlichen Umsetzung kritischer Einsichten und tatsächlicher

Bedürfnisse nichts mehr zu tun haben muss. Wir befinden uns in einem Stadium des Fitnesstrainings für Anpassung, und Arbeitsalltag.

Dieser weit ausholende theoretische Exkurs war nicht zu umgehen, erst nun kann deutlich werden, warum das Phänomen Otto auf eine gewaltige Marktlücke gestoßen ist und sich dort zu einer respektablen gesellschaftlichen Instanz entwickeln konnte. Es steht zu hoffen, dass die Behauptung, Otto sei ein gesamtgesellschaftliches Phänomen, einsichtig geworden ist und nun nicht mehr nur überlesen werden kann. Und als Vermittlungsinstanz, zwischen den sich noch artikulierenden kritischen Einsatzstellen und der in der massenhaften Einsamkeit ablaufenden Entschärfung zu Konsum, steht er in einem ambivalenten Verhältnis zur sonstigen Kulturindustrie. Natürlich macht das auch nur eine kulturelle Nische aus, aber eine, in der der allgewaltige Beschiss nicht nur beim Namen genannt wird, sondern in Mimik und Gestik derart in Körpererfahrung materialisiert werden kann, dass eine erkenntnisfördernde und therapierende Wirkung festzuhalten ist.

Gegen den Wust der Meinungen und Parolen, die oft nicht mehr als warmer Wind sind und darüber hinwegzutäuschen haben, dass die Phrase den realen Vollzug zu ersetzen hat, dass das verbale Theater schon alles ist, was neben der normgerechten Kastration aufs reflektorische Vermögen übrig bleiben darf, wird hier an eine Wahrheit des Körpers appelliert und der eigentliche Ort vorgespielt, an dem sonst die Manipulation ihren Ausgang nehmen kann, ohne dass je an die Befriedigung zu denken ist. Was sonst Köder heißt, wird hier zum selbstreflexiven Prozess umfunktioniert. Das an den Körper zurückgebundene Bedürfnis wird nicht nur in den verschiedensten Zusammenhängen vorgeführt, sondern, und das macht den besonderen Reiz dieser Darstellung aus, auch schon als durch die Sozialisationsagenten kastriertes aufbereitet. Erst aus der authentischen Darstellung der Kastration können die Energien mobilisiert werden, die sonst in den Darstellungen von Werbung und Manipulation wieder im Mitläufertum versacken müssen. Erst der Hinweis auf die Kastration liefert die Gegenbewegung zu den sonstigen kulturellen Potenzbeschwichtigungen, die schließlich bis in die Kreativität und den bürgerlichen Charakter hineinreichen. Erst damit ist die tatsächliche Antiinstanz zur Kulturindustrie geschaffen.

Sloterdijk hat die zur Gewohnheit gewordenen Manipulationen mit der Wiederkehr des Verdrängten, das sofort wieder aufgefangen wird, als Sonderfälle des modernen Zynismus dargestellt. Die Reklame und die Pornographie wissen, dass die Macht den Weg über die Wunschbilder gehen muss, eben um den Wunschbildern alles abzumarkten und von der kritischen Instanz nichts mehr übrig zu lassen. Im Phänomen Otto werden diese Wunschbilder in einer Art und Weise aufgenommen und deformiert, dass gerade die zynische Tendenz dabei auf der Strecke bleiben muss, und die restliche Konsum- und Starkultwelt, die immer mit den Attributen des erfüllten Triebs ködern darf, bleibt plötzlich als der Fundus der Kastration zurück. Adorno hat in der Arbeit 'Über Jazz' eine Gesetzmäßigkeit des kulturindustriellen Spiels mit dem Trieb festgehalten, die das genaue Gegenstück zum Phänomen Otto liefert. Der Sex Appeal des Jazz ist ein Kommando: Pariere, dann darfst du auch. Das Spiel mit dem Sex ist nicht mehr als der ködernde Inhalt eines Traums, der zugrunde liegende Traumgedanke würde heißen: Wenn ich mich entmannen lasse, bin ich erst potent. Was Adorno als einwilligenden Selbstbetrug des Konsumenten festgestellt hat, wandert im Phänomen Otto in die Darstellung des Stars hinein.

Als Beispiel für die verformende Aufnahme der Wunschbilder und den Durchblick auf den tatsächlichen Beschiss von Starkult und Unterhaltungsindustrie können die "Variationen" der Show oder Platte 'Hilfe, Otto kommt' herangezogen werden. Ein Märchenklischee, Hänsel und Gretel, und gleichzeitig ein aus der Mode gekommenes Kinderschlaflied haben die Vorlage abzugeben, um eine Auswahl der Hitparaden des letzten Jahres aufzubereiten. Nicht nur, dass es nicht um den Text geht, keine Botschaft wird vermittelt, auch die musikalischen Bekanntheitsgrade werden nebensächlich, es klingt echt, weil es völlig schwachsinnig mit Zitaten hantiert, ohne noch Ernst zu nehmen, was der Augenblicksmode als Erkennungszeichen taugt. Erstmal volksliedhaft vorgetragen, so dass noch gar nicht auffällt, wie der Rekurs auf Märchen und Kinderlied tatsächlich ein regressives Bedürfnis des Schlagerhörens aufnimmt und überzeichnet. Gewürzt wird diese Verschleierung der üblichen Verschleierung von Bedürfnissen durch ein paar Sprachspiele über Werbung und Konsum, und liebenswürdig blöd abgesungen, ist da nichts mehr ernst zu nehmen. Dann – "ich habe eine kleine Nichte ... für sie muss Hänsel und Gretel sich etwa so anhör'n" – ist der Volksliedton plötzlich verschwunden, ohne dass es als Bruch erscheinen könnte, und exakte musikalische Kopien einer Auswahlhitparade schließen sich an. Der Märchentext unterliegt geringen Variationen, so dass einzelne Fetzen des Originaltextes der einzelnen Hits durchscheinen, eine Kombination von Verdichtung und Verschiebung mit der Betonung auf der völligen Gleichgültigkeit gegenüber Text und Musik. Damit wird ein absoluter Tiefstand der Unterhaltungsverblödung vorgeführt: kein Text und keine Melodie! Die exakte Kopie mobilisiert die Komik der Nachahmung, der eigentliche Witz der Sache ergibt sich aber aus der Darstellung des vollendeten Schwachsinns der Originalproduktionen. Eben weil gezeigt wird, dass vom Märchen über das Volkslied bis zur Neuen Deutschen Welle, was das regressive Bedürfnis und die ausgelöste Begeisterung angeht, gar keine Abstände zu überwinden sind, wird an der Austauschbarkeit auch der Hits deutlich, dass hinter dem verschiedenen Design immer derselbe Schwachsinn ködert.

"Der deutsche Schlager und andere Geisteskrankheiten", die zynische Darstellung des täglich verabreichten Schwachsinns führt sogar noch einen Schritt weiter, der von den modernen Ersatzreligionen Konsum und Starkult nur verdeckte Nihilismus wird greifbar. Die Welt des ultimativen Tauschwerts, in der der Mensch zum Anhängsel des Apparats geworden ist, reicht bis in die alltägliche Musikberieselung hinein, und da die so genannten menschlichen Werte auf der Strecke geblieben sind, nur noch als Farce und Köder begegnen, heißt das Tauschprinzip: Nichts gegen Nichts.

Daran ist die Behauptung festzumachen, dass auch Otto ein Sozialisationsagent ist. Werden in der alltäglichen Berieselung die verschiedensten Wünsche mobilisiert und als Werte für die Konsumentenhaltung aufbereitet, so führt die Nichtigstellung dieser Werte auf die Möglichkeit der unverstellten, unprogrammierten Wahrnehmung zurück. Eben weil keine neuen Werte an die Stelle der von der Witzenergie aufgesprengten treten, realisiert sich die Nische für das Kritikbedürfnis. Dass der Konsument an Leib und Seele kastriert worden ist, wird zwar das letzte sein, was er sich freiwillig anhören, geschweige denn lernen wollte, aber die immer wieder aufbereitete Darstellung am Körper seines Stars führt schon nahe genug an die Einsicht heran.

In der genannten Arbeit Adornos war die Kastration von der Übermacht der vom Monopolkapitalismus ausgeprägten gesellschaftlichen Bedingungen über das einzelne Individuum abgeleitet worden. Lacan hat sie direkt an die Gesetzmäßigkeiten der Sozialisation gebunden, das Triebtier im Menschen unterliegt ständigen Kastrationen, die sich aus einer doppelten Entfremdung herleiten. Es ist nicht nur der gesellschaftliche Kontext, der vorgibt, was sich äußern darf und was der Verdrängung zu unterliegen hat, die Entfremdung des Ich ist sogar noch viel fundamentaler, wenn festgestellt wird, dass es sich erst in der Dialektik der Interaktion ausbildet, indem es das, was es sein wird, erst am Anderen erfährt. Das Begehren des Menschen ist immer das Begehren des Anderen. Im Psychismus finden sich nicht einmal Ansätze für die Ausbildung der späteren geschlechtlichen Polarität, womit wir wieder bei dem fingierten Geschlecht des Phänomens Otto angekommen sind: gemischt.

Am eindeutigsten findet sich das Kastrationsmotiv noch im Rahmen der ersten Show oder besonders der ersten Platte, hier wurde das Markenzeichen Otto geprägt. Auf den späteren Platten ist es immer wieder nur eingestreut, reichen oft Andeutungen, um dieses Erfolgsprogramm, abzurufen, so z. B. während einer Life-Show "sieht aus wie'n Penis, nur ein bisschen klein." Ob die Legende vom Tarzan, der seit der Zeit mit Lendenschurz rumläuft und jenen mediengerechten Schrei ausgeprägt hat, seit der ihn Jane in einem Notfall die Liane ausriss; oder der dargestellte Leidensweg einer bei der Prüfung durchfallenden Chiquitabanane, der nach einer Nacht, in der es gar nicht darum ging, etwas zu wollen, in der eheprägenden Frage "steh jetzt auf und mach Kaffee, oder kannst das auch nich'?" gipfelt; der Becaudpersiflage, in der ein junger Mann das Geräusch einer wachsenden Mohrrübe nachahmt, um bei der Quintessenz zu landen: "L'impotence, c'est la rose, l'Impotenz dans ma Hose" sogar noch verlängert in „l'important, c'est la rose"; dem Kameramann: "Er würgte eine Klapperschlang bis ihre Klapper schlapper klang"; bis zum Höhepunkt und Abschluss, "der Kastration eines hebräischen Eunuchen", der in dem Schlager gipfelt: "Those were the days my friend..."

Dieser wichtige und prägende Bestandteil des Markenzeichens kann zurück gebunden werden an den Starkult, und er schlägt ein, mobilisiert all die Energien, die sonst von der Norm unterdrückt und abgeleitet werden, weil sich im Bild des Antistars gleichzeitig die wesentlichen Züge der Konsumentenhaltung ausprägen. Das eingeschränkte, mehr schlecht als recht zusammen geschraubte und sich selbst nicht gegenwärtige Leben des Normalverbrauchers wird nicht nur durch die Darstellung der Kastration erlöst und in befreite Zusammenhänge des Lachens gerückt, auch die übrigen Darstellungsformen nehmen das infantilisierte Gehabe des Lebens in der Regression auf, denn selbst das hektische Getue, die blinde Aktivität, die bohrende Geschäftigkeit der sinnleeren alltäglichen Beschäftigungstherapie werden hier zitiert.

Prägt der übliche Starkult das Bedürfnis der Verdinglichung aus, während dagegen der auswechselbare Einsatz der Hektik immer wieder vor der erzwungenen Hohlheit fliehen zu müssen vorgibt; nur um sie in den Idolen dann absolut zu setzen, wird in diesem Markenzeichen das vom Star abgerufen, was sonst die Bürde des Publikums ausmacht. Die Regression auf die erzwungene, zurück gestaute Infantilität wird dem Publikum abgenommen, besonders deutlich zu sehen ist das an der überzeichnenden Darstellung anderer Imagehelden. Der Starkult selbst scheint damit genauso in Frage gestellt wie bestätigt. Aber die Bestätigung ist eine, die weit über das Bedürfnis am Star Otto hinausgreift, die die Starfunktion, wie sie im Publikum abzurufen ist, gleichzeitig frustriert und in Dimensionen überführt, in denen der Bedarf schon als derart reglementiert erscheinen muss, dass er als unnütz eingesehen werden kann. Zu erinnern ist an das verdrehte Verhältnis zwischen Massenpsychologie und komischem Idol.

In diesen Zusammenhang fallen die in der Presse immer wieder zu Werbezwecken aufbereiteten Fragen, warum sich jemand die Show ansieht, die Platte kauft, die Fernsehshow nicht erwarten kann und dann sogar noch "Das Buch Otto" haben muss, obwohl es ja immer ums Gleiche geht. Wird da gefragt, um zu vernebeln, um den Marktmechanismus und die Starfunktion durch das Angebot der Nachahmung weiter anzukurbeln, so geht damit ganz verloren, dass dieses quasi unstillbare Bedürfnis erst davon abgeleitet werden kann , dass der übliche Starkult so allgegenwärtig ist und deswegen die vom Phänomen Otto geleistete Infragestellung und Abreaktion gar nicht oft genug und multimedial aufgenommen werden will. Gleichzeitig ist aber auch an eine Entschärfung zu denken. Selbst der bösartigste Witz muss zum Hintergrundgeräusch degenerieren, wenn die jeweilige Show bis zur totalen Verdummung immer wieder eingepaukt wird. Das ist das Schicksal der in die Kulturindustrie eingebrachten Kritik.

Die Stars sind die Götter von heute, theologische Restbestände, und umso umfassender sich so ein Glaubenssystem ausbreiten darf, umso wahrscheinlicher besteht auch ein Bedarf an neuen Nihilismen und Defätismen. Nun wären diese für sich allein schwer konsumierbar und würden wohl eher Widerwillen hervorrufen; erst ihre geschickte Verpackung in die Mimikry des Kastrierten im Zusammenhang mit der Einbindung in typische Showgegebenheiten kann diesen Bedarf tatsächlich freisetzen.

Haben die 'Variationen' den progressiven Starkult in seiner Hohlheit demaskiert, so ist nun auch der quasi konservative Bereich der Unterhaltungsindustrie zu streifen. Die Volksmusik, die Kosakenchor- und Wanderburschenromantik liefern noch viel häufiger die Zielscheiben für die kritische Witzarbeit. Auf den ersten Blick könnte es sogar so aussehen, als ob die Überzeichnung pseudokonservativer Bedürfnisse einen wichtigen Köder für die pseudoprogressiven Ottofans ausmachen kann. Dem widerspricht aber schon, dass auch die Schunkel-, Trampel- und Mitgröhlbedürfnisse zur Stimmungsmache eingesetzt werden können und prächtig anschlagen. Eine derart oberflächliche Scheidung der Bedürfnisse kann also nicht statthaft sein; nimmt man die gelegentlichen Einblendungen der Publikumsgesichter während einer Fernsehshow ernst, so verwundert das auch nicht weiter. Diese Aufspaltung und sichernde Scheidung muss tiefer angelegt werden, und sie darf sich nicht am aktuellen Publikumsbedarf ausrichten. Die Konsumentenhaltung ist indifferent, wie es sich die Werbeästhetik nicht besser wünschen könnte. Die Restbestände kritischer Einsichten liegen eingebettet in den künstlichsten Bedürfnissen, sie können mit den verlogensten Ansprüchen eine Verbindung eingegangen haben.

Im Publikum mag es manchen jungen Papi geben, der sich noch recht gut daran erinnern kann, wie sein Egerländer Musikanten hörender Vater über die Affenmusik der Beatles und Stones wetterte, und während er gelegentlich noch frühe Pink Floyd Platten hört mit dem wehmütig nachklingenden Gefühl des Vorbei, ärgert er sich schon wieder über den Heavymetal-Sound im Hobbykeller seines Sohnes; da mag es manche Mammi geben, die an Heintje zurückdenkt und immer noch Heino hört, und mit ihrem Spritzling eine Ottoshow besucht, um sich bestätigt zu fühlen, wenn die Neue Deutsche Welle verarscht wird; die Fälle ließen sich endlos kombinieren, genannt sei nur noch der wichtigste, der den Nachwuchsfan betrifft: Für ihn spielt die Verarschung der Neuheiten von Gestern, des jüngst vergangenen In-seins, eine große Rolle, weil sie die jeweilige Fixierung auf das Allerneuste bestärkt.

Trotzdem lässt sich an der aufnehmenden und verformenden Darstellung reaktionärster Konsumpriester manches zeigen. Und zwar sogar schon dann, wenn die Analyse sich auf die Form der Darstellung beschränkt. Als Beispiel mag dafür der Fall des Sozialisationsagenten Heino taugen, oft genug wird er während Ottoshows angesprochen und überzeichnet. Ob es die Darstellung des Grauens ist, mit allen Attributen der Horrorklischees typischer Hollywoodfilme, aus dem dann Heino durch den Nebel tritt; oder die Zwangssituation, einer bettelt, "bitte! bitte! tu's nicht!" der andere legt die Platte auf, zu spät, es war Heino; oder das Begräbnis zu dem so viele kommen, um sich zu versichern, dass er auch wirklich begraben wird, "fünfundzwanzig Böllerschüsse , und keiner hat getroffen"; oder der Unterschied zwischen Heino und 'Hämorrhoiden, auf den noch einzugehen sein wird. Für das Publikum ist da nicht nur der Lacherfolg zu verzeichnen, es wird auch immer wieder deutlich, wie viel von dem sozialisierten Bedarf an verdinglichter Männerphantasie und dem Restbestand einer Wanderburscherotik noch vorhanden sein muss. Fast, als äußerte sich das schlechte Gewissen eines Bedürfnisses, das gerade wegen seiner anachronistischen Tendenz sonst noch viel zu viele Marktwerte aufreißen kann.

Die Sozialisationsagenten der Werbe- und Unterhaltungsästhetik verkörpern Traumarbeit. Wichtig ist, wie sie es tun, denn schon an der Art und Weise der Aufbereitung ist einiges über die inhaltliche Qualität der verfolgten Programmierungen auszumachen. Bei der Unterscheidung von Heino und Otto ist ein wesentlicher Unterschied schon an der Form der Darstellung festzustellen, und zwar gerade an der Schnelligkeit der Bildabfolge, an der Intensität und Menge der zitierten Materialien. Bei Otto wird, noch völlig abgesehen von den in ähnlicher Funktion stehenden Tendenzen, schon deswegen in Frage gestellt, weil sich die Einstellungen jagen, weil nicht mehr Zeit bleibt, sich auf eine zu fixieren, ein Bild festzuhalten und es mit den eigenen Größenphantasien zu besetzen. Bei Heino dagegen geht es gemächlich zu, langsam und in den Unbeweglichkeiten des genormten Festzeltfrohsinns, der der Steifheit der Überangepassten entsprechen muss. Ein Etikett, eine einzige typische Maske- in der Nationalgefühl und Wanderburschenerotik zu einer Einheit zusammengeschmolzen sind. Ein Kleiderständer personifiziert die reaktionärste Volksgesundheit, wobei bei dieser Selbstdarstellung gar nicht so unwichtig ist, dass die Utensilien Brille, Perücke, Anzug und Gitarre mit der menschlichen Figur in keine echte lebendige Einheit getreten sind.

War die Persönlichkeit schon im großbürgerlichen 19. Jahrhundert auf Innerlichkeit und Verzicht getrimmt, mehr Illusion als reale Erfüllung, so ruft dieser Volksmusik intonierende Kleiderständer den schon abgelebten Kleinbürgertraum von der Persönlichkeit ab – der Prothesenmensch mit seinen Panzerungen, dem der Drill Geborgenheit verspricht und die Massenbewegung die einzige Beweglichkeit geblieben ist. Im einen Fall haben wir eine verflüssigende und bewusstseinserweiternde, im anderen Fall eine verdinglichende und verdummende Präsentation vor uns.

So ist also, obwohl in beiden Fällen Traumarbeit eingebracht wird, von ganz verschiedenen Gewichtungen der darin ablaufenden Prozesse auszugehen. Besonderes Gewicht bekommt das Kriterium der Schnelligkeit aber erst in Bezug auf die dargestellten Tendenzen; in den vermittelten Bedeutungen wird der Gegensatz – Lernprozess oder Verblödung – dann auch nachprüfbar. Und, für die indifferente und manipulationshungrige Haltung eines Konsumentenpublikums spielt die Schnelligkeit eine ganz besondere Rolle: Erst vermittelt durch die gewitzte Zeiterfahrung können Tendenzen aufleuchten und auch konsumiert werden, die sonst nur ein Abblocken hervorrufen würden.

Eine dieser Tendenzen, die hart einschlagen können, weil sie auch immer das Publikumsbedürfnis angreifen, wird an dem witzigen Sprachspiel um den Unterschied von Heino und Hämorrhoiden ganz klar ausgesprochen, und zwar ohne dass damit Abwehr provoziert ist. Die Hirnrissigkeit der Prothesen und Ersatzhandlungen wird so deutlich, dass das Publikum nur noch zum freudig mitgehenden Komplizen an der anarchischen und destruierenden Tendenz werden kann und der Starkult plötzlich den alltäglichen Bedürfnissen völlig fremd gegenübersteht.

Otto spricht so nebenbei, wie das gern bei den bissigsten Witzen geschieht, den Unterschied zwischen Heino und Hämorrhoiden. "Gibt's da ein'?" fragt einer aus dem Publikum. "Na klar gibt's da ein'", antwortet Otto, und nach einer Pause, die den Eindruck hervorrufen soll, er denke nach, die aber nur die Spannung schürt, kommt die Antwort: "Heino hängt mir zum Hals 'raus, und die Hämorrhoiden könn' auch nich' singen."

So etwas ist kein Werbespruch mehr, auch wenn er genau wie einer gebaut ist. Noch einmal ist daran zu erinnern, dass die Traumarbeit bei Otto besonders als Verdichtung und Rücksicht auf Darstellbarkeit in Dienst gestellt wird, während die Werbung, oder in diesem Fall der Auftritt Heinos, mit der Betonung, auf der Verschiebung realer Bedürfnisse und einem Übermaß rationalisierender Fassadenbildungen arbeitet. Das voll artikulierte Material, das in diesem Witz verdichtet und ein bisschen verschoben und dann mit Rücksicht auf die Zensur der im Publikum vorhandenen Normen anklingen kann, würde folgendermaßen aussehen: Heino und Hämorrhoiden, was als Unterschied deklariert ist, ist gleichzeitig durch die Verführung des Stabreims schon identisch, und diese Identität stellt das Sprachspiel auch her. Heino hängt zum Hals 'raus und kann nicht singen, dagegen hängen Hämorrhoiden zum Arsch 'raus, wem hängt also Heino zum Arsch 'raus? Den Arschlöchern, und wenn die kleinen Schrittchen weiter zu verfolgen sind, heißt das im Klartext dieser Starkult wurde speziell für defekte Arschlöcher ausgeprägt.

Das Phänomen Otto ist nicht auf die träumerische Wunscherfüllung und den witzigen, aber nicht ernst zu nehmenden Restbestand des Kritikvermögens zu reduzieren, es macht erst die Legitimität der Frage nach dem Sinn von Ersatzbildungen zugänglich. 0. Marquard hat in seiner Arbeit 'Exile der Heiterkeit' festgehalten, dass zum Lob des Lachens ' überhaupt zum Lob der heiteren Kunst, eine Preisung der Surrogate gehöre. Die ins Lachen sich rettende Heiterkeit ist dann nicht das Glück, sondern ein billigerer Ersatz: Glück und Heiterkeit unter Bedingungen ihrer Unmöglichkeit. So richtig das für die gesellschaftliche Entwicklung und die Restbestände individueller Erfüllung sein mag, so fraglich ist diese Rehabilitierung der Ersatzhandlung für die Betrachtung des Phänomens Otto. Gerade die Ersatzhandlung und die Prothesenwelt werden hier in einer Weise überzeichnet, dass ihnen das Recht des kulturellen Eigenlebens abgesprochen werden muss. Die Freude am Spiel mit dem Rollentausch, die Infragestellung aller Normen, die schon die Unterhaltungsindustrie als einen Freiraum gegenüber alltäglichen Normen aufzubereiten vorgibt, die quasi depperte Umleitung in die lustvolle Anarchie, zitiert die Möglichkeiten der erfüllenden Verweigerung, auch wenn es längst keine totale Verweigerung mehr sein kann.

Und doch klingt da manches noch an Marcuses Begriff der totalen Verweigerung an. War Marcuses Sympathieerklärung für Penner und Ausgeflippte noch mit einem intellektuellen Abstand verbunden, so wird sie hier zurückgebunden an die Darstellungsform eines alternativen Sozialisationsagenten. Eine an R. Musils Roman erinnernde Gewandtheit – Mann ohne Eigenschaften ist gleich Eigenschaften ohne Mann – wird vorgeführt, wenn der Begriff Charakter, der Begriff Persönlichkeit, der Begriff Rolle usw. einfach ad acta befördert werden, um dann gewandt und ungehalten im Urwald von Meinungen und Manipulationen unterzutauchen, ohne noch irgendwo hängen zu bleiben.

Dem widerspricht das Gemengsel der 'Variationen' in keiner Weise. Ob schlichter Schlager, progressiver Lindenberg oder Neue Deutsche Welle, selbst die auf der Platte noch hörbar angeklatschte Persiflage der Gruppe BAP – jeweils wird ein neuster Trend verarscht und damit eine befreiende Tendenz gegen die übermächtigen und zur Regression einladenden Nachahmungszwänge eingeleitet. Allerdings stellt sich die Frage, im Hinblick auf die unabgeschlossene Auflistung verschiedenster Konsumententypen, wie hier der Riecher für die Marktlücke zu koordinieren ist mit der Infragestellung jeglicher Marktlücken. Es wird jeweils der neueste Trend persifliert und nur zwischendurch auf das zurückgegriffen, was schon ein so eingefahrener Marktmechanismus ist, dass auch beim Publikumsnachwuchs genügend Latenzen für die Infragestellung zu mobilisieren sind.

Im Publikum sitzen immer wieder Teenager in einer respektablen Anzahl, die daran gemahnt, dass auch nichtbewusste Frontstellungen des Generationskonflikts, der in Mode und Unterhaltung manche Möglichkeit der entschärften Äußerung findet, aufgenommen und mit den nötigen Leitsprüchen versehen werden. Erinnern sich die erwachsenen Konsumenten an ihr Kritikvermögen, so haben die Teenies eher den Bedarf, Sprüche auf zunehmen, und Darstellungen zu genießen, die ihrem Widerwillen gegen die Generation der Eltern die Schlagworte liefern können. Auch das ist ein Anlass, um Heino und reaktionärste Folklore durch die Überzeichnung in den Abgrund des verdummenden Schwachsinns fallen zu lassen, eine noch nicht recht bewusste Frontstellung gegenüber den Verblödungsriten der Eltern wird vorgeführt. Haben wir damit scheinbar ein Plädoyer für manche pseudoalternativen Neigungen zu den neusten Trends, die auch nur in Anpassung versacken sollen, so liefern die überzeichnenden Darstellungen der 'Variationen' dann dagegen wieder ein heilsames Korrektiv.

Ganz allgemein lässt sich feststellen, dass die dargestellten Szenen und Typen der Werbe- und Unterhaltungsästhetik nicht nur in Frage gestellt werden, sondern dass sie sich durch die Masse der hergestellten Zitatzusammenhänge auch noch wechselseitig kommentieren und damit keine Möglichkeit der Fixierung an die in ihnen wirkenden Köder falschen Bewusstseins mehr gegeben sein kann. Zwar ist es nicht von der Hand zu weisen, dass einzelne Momente auch herausgelöst und mit nach Hause genommen werden, um den alltäglichen Sprachschatz zu bereichern oder den genormten Blick mit ein paar Aha-Erlebnissen zu versorgen. Aber im Ganzen wirkt die Gegenbewegung zur üblichen Funktion des Sozialisationsagenten vor.

Als komplementäre Sozialisationsagentur hat das Phänomen Otto das von Haug aufgezeigte Problem einer kritischen Darstellung manipulierender und dadurch falsches Bewusstsein erzeugender gesellschaftlicher Instanzen gelöst, ohne dabei auf die konkrete Nähe zu verzichten. Interessant wäre das besonders für manchen Nachwuchslehrer, der mit den besten Einsichten von der Uni kommt, um dann am so genannten Praxisschock aufzulaufen und recht schnell das eingefahrene autoritäre Modell zu übernehmen.

Es kommt nicht selten vor, dass ein progressiver Referendar oder Lehrer seinen Erziehungsauftrag in Sachen Denken ernst nehmen will, um dann zu erfahren, dass seine Schüler nicht bereit sind, zwischen ihm und den reaktionären Lehrern einen Unterschied zu machen, und die Gelegenheit benützen, bei einem, der sich anscheinend nicht wehren will, der sich aufgrund seiner Ablehnung üblicher autoritärer Anpassungen als besonders taugliches Objekt für Störversuche zeigen kann, besonders über die Stränge zu schlagen. Mit dem Erfolg, dass die brauchbarere Einsicht abgewürgt wird, dass die fehlgeleitete Provokation der Norm die Norm nur bestätigt. Solche Lehrer könnten am Phänomen Otto manches lernen. Otto artikuliert die Störversuche, er führt vor, wie spaßig es sein kann, Normen zu treten und Autoritäten nicht ernst zu nehmen, aber er macht gleichzeitig deutlich, wie hirnrissig die Bestätigung jeglichen Erziehungsauftrags sein muss. Was am geschilderten Fall zwischen Lehrer und Schüler abläuft, ist nichts anderes als die übliche an den Konventionen festzumachende Schizophrenie, die Verlängerung familiärer Double-binds. Dagegen kann nur Beweglichkeit eingesetzt werden, die Aktivierung der Phantasie, die Darstellung der Fragwürdigkeit aller Sozialisationsagenten.

Otto verkörpert beides, das autoritäre Versatzstück und den Bedarf an dessen Infragestellung, in einer Person, verbindet den Erzähler des die Norm aufsprengenden Witzes mit der Darstellung seines Gegenstands. Er stellt damit in Frage, ködert das Publikum, schafft mit der Lachprämie Verbündete in der Einsicht und führt gleichzeitig das Objekt vor, das für die Über- oder Unangepasstheit auch die typischen Deformationen zu erleiden hat. Besonders deutlich wird das an der Kombination verschiedenster Typen, an seiner Aufnahme der Witze über Minderheiten, der Darstellung der Blödheit des Konsumenten und der Überzeichnung und Untergrabung der Verbohrtheit des Angepassten.

In den Restbeständen der Sozialisation im Elternhaus und später in den typischen Unterweisungssituationen der Schule werden die Register ausgeprägt, auf denen nicht nur die Werbe- und Unterhaltungsästhetik ihre Choräle abspielen kann, an denen auch Otto herumfuhrwerkt, um ihnen die lustigsten Quietsch- und Misstöne im Kontrast zur jeweils neusten Unterhaltung oder Werbung zu entlocken. An der Freude am schnellen Wechsel der Masken, der überall eingesetzten Persiflage und der Fähigkeit zur perfekten und doch unverbindlichen Verwandlung, finden sich die Ansatzstellen für ein multimediales Chamäleon. Hier bekommen Tausende von Nullen vorgeführt, dass Eigenschaften ohne Mann auch ganz produktiv und lustvoll funktionieren können, eben weil man die Nische braucht und sonst mit ein paar genormten Handbewegungen und warmem Wind zu Recht zu kommen hat. "Welches Schweinderl hätt'ns denn gern?" "Ja, das mit der Brille." Von der Überzeichnung des heiteren Beruferatens bis zur abgründig dumm dargestellten Existenzfrage des Pfarrers ist mit der Frage: Was bin ich? eine der Energiequellen des Phänomens Otto genannt.

Von der bösartigen Publikumsbeschimpfung ist es gar nicht weit bis zur vorgeführten Einsicht in die gesellschaftliche Bedingtheit der Bedürfnisse eben dieses Publikums. Witz und Komik bestechen nicht nur das mögliche Komplizentum in der Einsicht, sie schützen auch vor dem Abdriften in die völlige Resignation. Die Legitimation der Kritik ist, selbst wenn sie sich noch so negativ gebärden mag, aus ihrer Funktion für die gesellschaftliche Regeneration abzuleiten. Und für den schlichten Konsumenten heißt das Lob der Umwege nicht nur neue Anpassung, sondern auch Entlastung, Befreiung von mancher Norm und Durchblick auf unverstellte Erfahrungsmöglichkeiten. Die Bedürfnisse der Kritik wie der Entlastung finden eine Nische bei den verschiedensten Zusammensetzungen des Publikums, das mag vom ausspannenden und sich an der verkörperten Geistesgegenwart freuenden Intellektuellen über die alltäglichen Restbestände der Kritik beim durchschnittlichen Arbeitnehmer bis zum pubertären Schlagwortbedarf des Nachwuchses reichen – Idealtypen, die tatsächlich nur aus vielfältigen Mischungsverhältnissen abzuleiten sind.

Die intellektuelle Arbeit an der eigenen Sozialisation und die Einsicht, was während der Erziehung an Anpassung, Zwang und Verdummung mit untergejubelt wurde, führen noch lange nicht zur Realisierung des Wunschbilds, die prägenden Jahre einfach zu streichen oder zu revidieren. Ein mühsamer Prozess der Einsicht läuft immer wieder auf willentliche Anstrengung hinaus, sich von den Nachwirkungen abzusetzen, ohne einfach die Auslöser vergessen zu dürfen. Auch da macht die Entfremdung den Grad des Lernvermögens aus. Gegen die alten Narben der Verhaltensmodellierung ist das aber recht wenig, Witz, Komik und Humor sind mächtige Verbündete, wenn eben jene Zwänge in Lachen verwandelt werden, die früher wehtaten. Der Pegel der Lachintensität liefert sogar ein Medium der Introspektion: wo es besonders lustig wird, sind die schwersten Narbenbildungen festzumachen.

Für den angepassten Arbeitnehmer sieht das nicht viel anders aus, es wird nur anzunehmen sein, dass er sich diese Fragen nicht stellt, sondern dass sie ihm notgedrungen immer wieder aus der Unzufriedenheit und Ausgeliefertheit entgegen springen. Dann kann eine soziale Nische mehr Erleichterung, sicherere Kanalisierung mancher Fraglichkeit ausprägen, auch mit mehr Spontaneität verbunden sein als die angebotene und beispielsweise chemische Brille, für die das Markenzeichen Valium stehen darf. Freud hat die Saturnalien als die menschheitsgeschichtliche Erfindung gegen den Anpassungsdruck genannt, ein kulturelles Ausfallpförtchen gegen die Leiden der Zivilisation; Bachtins Terminus der "Lachkultur" führt von dort direkt in die Ottoshow über. Weiterhin ist daran zu erinnern, dass der Humor in menschheitsgeschichtlicher Hinsicht eine recht späte Errungenschaft ist, die Fähigkeit, missliebige Erfahrungen zu verschieben, um noch der Negativität der Ausgeliefertheit ein letztes Quantum an Lust abzuringen. Schließlich ist der Humor als Leistung eines relativ autonomen Ichs durch Kulturindustrie und Massenbewegung nicht weniger in Frage gestellt als eben dieses Ich. In diesem Sinne liefert der komplementäre Sozialisationsagent den Rahmen und auch die Einsatzstellen, um die immer wieder recht fragliche Fähigkeit zum Humor doch noch auszuprägen. Der Humor teilt den Dingen das Maß ihrer Wichtigkeit zu und lässt sich nicht von irgendwelcher angemaßten Wichtigkeit imponieren. Er ist wesentlich kritisch und entlarvt alles Pathos und alle Illusionen, die sich der Mensch über sich selbst und über die Welt macht. Ohne Ph. Lerschs Ansicht, als innersten Wesenskern des Humors die Kraft der religiösen Haltung zu finden, teilen zu wollen, kann seiner 'Philosophie des Humors' eine ganz brauchbare Einsicht entnommen werden: Der Humor steht für den Willen, ohne Illusionen zu leben, und die Kraft, dennoch das Leben zu bejahen. Auch diese beiden scheinbar entgegen gesetzten Haltungen sind im Phänomen Otto zusammengetreten.

74

Zwischen den allgemein zu fassenden Prozessen, die im Phänomen Otto ablaufen, und den realen Erwartungen an die einzelne Show und die durch sie bedingten Befriedigungserlebnisse vermittelt ein Bindeglied, das in der durchschnittlichen Anpassungssituation zu suchen ist. So ist sogar zu sagen, dass im Phänomen Otto eine Durchdringung von allgemeinen Normen und subjektiven Erwartungen, Illusionen und Normverstößen ganz handgreiflich wird und dass sie sich gegen die übliche Identifizierung von Sozialisation und Anpassung wendet.

Diese Funktion der Vermittlung führt dazu, dass der komplementäre Sozialisationsagent in manchen Fällen nicht nur Antiinstanz bleibt, sondern wirklichen Einfluss auf die Heranwachsen zu nehmen scheint. H. Henne hat an der gesprochenen Jugendsprache ein statistisches Erhebungsverfahren vorgenommen, um unter anderem festzustellen, dass Otto, Loriot u. a. als Lieferanten des täglichen Schlagwortbedarfs taugten.

Und es sind nicht nur witzige Wortbildungen, die übernommen werden, es handelt sich auch um ein semantisches Potential, das über die Grenzziehungen dessen, was gesagt werden darf, hinausreicht und manche subkulturelle Bedeutung erst spruchreif macht. Ottosprüche wandern in die Jugendsprache ein und haben Teil an den dort wirkenden kreativen Möglichkeiten, den steifen und genormten Umgangston durch sprachliche Prägungen zu unterlaufen, die Darstellung der individuellen Zugänge zur Welt zu bereichern und die Artikulation eigener Bedürfnisse zu fördern.

Auch hier findet sich wieder das dialektische Gegenspiel von Kritikvermögen und Nachahmungszwang. Die ursprüngliche Kreativität der Jugendsprache findet Anleitungen bei mancher geistigen Lockerungsübung, aber die zur Nachahmung einladenden Parolen sind auch gruppenbildend und laden zur modisch entleerten Nachahmung ein. Eine ähnlich entschärfende Funktion konnte auch für die Erkenntnisleistung des Witzes nachgewiesen werden. Die Parolen klingen gut, und beim Klang kann es oft schon bleiben, wenn von der gruppenspezifischen Geheimsprache bis zum modischen Schlagwort die Nachahmung überwiegt und nichts vom alternativen Inhalt mehr in Denken und Handeln übergehen muss. Es klingt gut, und man darf auch einmal 'was sagen – verbaler Wind.

An dieser zur Resignation einladenden Feststellung soll aber nicht hängen geblieben werden, schon an den verschiedensten Stellen ist klar geworden, dass am Köder der Anpassung manche kritische Einsicht abzuzapfen ist – am Köder, in den mit den Wunschbildern auch immer ein Quäntchen Wahrheit eingegangen ist. So konnte es geschehen, dass am Montag nach der Ottoshow, dem 14.11.83, ein etwa zehnjähriger Knirps auf seinem Schulweg zu beobachten war, der ohne Unterbrechung einen monotonen Sprechgesang, immer nur die eine Zeile aus der Show, rezitierte "Alete kotzt das Kind." Ein Bild für Götter und Anlass zu wahrhaft Homerischem Gelächter. Da wäre fast zu vermuten, dass die Überzeichnung der üblichen Werbefunktion in den Dienst einer Art Schutzimpfung gegen die Werbungsanfälligkeit gestellt ist. Die Demaskierung des Werbespruchs war in eine derart enge Beziehung zu den von der Werbung mobilisierten Nachahmungszwängen getreten und von der Spontaneität eines relativ autonomen Ichs noch so wenig zu spüren, dass die ununterbrochene Nachahmung der Demaskierung nichts mehr von den Aufgabenstellungen zurückbehielt, die offiziell auf die Beratung und Information Konsumenten gehen, tatsächlich aber jegliche Kommunikationsfähigkeit negieren.

In diesem Zusammenhang ist noch einmal auf die 'Variationen' zurückzukommen. Die Erklärung, warum zur Melodie eines Schlaflieds und der Märchensituation Hänsel und Gretel der moderne Schlager herangezogen werden kann, führt auf das gesellschaftlich produzierte Bedürfnis an Verblödungen. Die einhämmernde Funktion – sie ist so stark, dass die Frage auftauchen kann, ob im Phänomen Otto Kinderlied und Märchen zusammengefasst worden sind und es vielleicht gar kein solches Schlaflied gibt, aber gibt es – hat soviel mit Werbesprüchen gemein, der Werbespruch hat schließlich an die Stelle des angepriesenen Produkte zu treten, dass schon fast aus dem Blick gerät, wie wenig weder Text noch Melodie den Erwartungen an eine Ottoshow widersprechen. Die Umsetzung für dänische Hörer oder für amerikanische Mc Donalds Spezialisten variiert diese Form der Verblödung mit einigen Sprachspielen, aber sie erinnert auch an die überzogene Heinodarstellung als Grauen, es ist das Grauen der übermächtigen Kulturindustrie. Das infantile Bedürfnis ist in einer Weise präsent, dass die Kontrastwirkung des Umschwenkens auf Schlagerunterhaltung gerade die damit verbundene Unmündigkeit vorführt und aus diesem Grunde durchbricht. Märchen und Kinderlied thematisieren, was sich im Untergrund aller marktgerechten Unterhaltung nur verbirgt, mythische Bedürfnisse, und zwar in einer Form, in die einstmals die menschheitsgeschichtliche Überwindung des Mythos eingegangen war.

Der Starkult hat schon manches mit mythischen Denkformen gemein, aber die Übermacht und Allgegenwart der Werbe- und Unterhaltungsindustrie erinnert sogar noch an jene Ausgeliefertheit an einen Absolutismus der Wirklichkeit, gegen den schon die Mythenbildung Erleichterungen versprechen konnte. H. Blumenberg hat in seinem Buch 'Arbeit am Mythos' gezeigt, dass der Mythos gar nicht zu Ende zu bringen ist. Nicht nur, weil im Mythos schon immer ein Stück Aufklärung geleistet wurde, sondern auch, weil in ihm ein semantisches Potential ausgeprägt worden ist, auf das selbst innerhalb von konventionalisierten und extrem abstrahierten Erkenntnisprozessen zur Veranschaulichung immer wieder zurückgegriffen wird. Blumenberg hat jenen ursprünglichen Naturzustand, aus dem sich der Mensch erst durch die Fähigkeit zu Umwegen – erst mythischer und später rationaler Prägung – gerettet haben soll, als Absolutismus der Wirklichkeit bezeichnet. Ein Grenzbegriff, der bedeutet, dass der Mensch die Bedingungen seiner Existenz annähernd nicht in der Hand hatte und, was wichtiger ist, schlechthin nicht in seiner Hand glaubte. Einen auf vergleichbaren Funktionen beruhenden Grenzbegriff haben wir in Horkheimers Kennzeichnung der völlig verwalteten Welt, am anderen Ende der Weltgeschichte.

Während sich seit vielleicht 200 Jahren für den Wissenschaftler die Möglichkeit abzeichnet, dass der Mensch als Gattungswesen die Bedingungen seiner Existenz in die Hand bekommen könnte, wird heute deutlich, dass Überbevölkerung, Nahrungsmittel- und Rohstoffverknappung, Rüstungswahnsinn und Umweltverschmutzung innerhalb weniger Jahrzehnte zu einer Extremsituation führen können, so dass von den Voraussetzungen dieser Gattung, vielleicht als einer der letzten, nicht mehr als von gesteuerten Bedingungen die Rede sein kann, obwohl sie vom Menschen herbeigeführt worden sind. Und für den Nichtwissenschaftler konnte tatsächlich nie in Frage stehen, dass er als Einzelner – ohne sein Eigentum – an den allgemein vorgegebenen Bedingungen des eigenen Lebens gar nicht zu rütteln hatte. Sie konnten oft genug noch nicht einmal als vom

Menschen produzierte erkannt werden. Der Marxsche Begriff des Fetischcharakters der Ware kennzeichnet eine Beziehung, in der der Mensch die von ihm selbst geschaffenen Umstände als fremde und ihn beherrschende erfährt. Da damit erkennbar wird, welche mythischen Abhängigkeiten ins Fundament der bürgerlichen Gesellschaft eingegangen sind, verwundert es nicht mehr, dass sich ein gewaltiges Maß an mythischen Bedürfnissen in der Waren- und Unterhaltungsästhetik ausmachen lässt.

Wenn der Einzelne schon nicht an die Bedingungen der eigenen Existenz heranreichen kann, ja wenn selbst die durch die Wissenschaft vertretene gesellschaftliche Allgemeinheit diese Bedingungen nicht vollständig und vielleicht nicht mehr in die Hand bekommt, so sind doch mit Werbung und Starkult zwei der Instanzen genannt, die den wichtigeren Glauben zu schüren haben, die den verloren gegangenen Sinnhorizont, eine Etage unterhalb der theologischen, in der Form von Surrogatsinnen neu zu schöpfen haben. Von der Institution her betrachtet realisiert sich hier die Aufgabenstellung der Hochreligionen von neuem. Aber die Art und Weise der Aufbereitung durch die Integration unbewusster Denkformen weist auf die mythischen Vorstellungswelten mit ihrem Koordinationsmodell Körper, während die intensive Signalwirkung optischer und akustischer Reizwerte sogar noch etwas vom Chaos des Numinosen mit sich führt.

In diesen Zusammenhängen wird deutlich, dass die Spiele mit der Rolle des Theologen oder mit der Rolle des Schamanen nicht zufällig, sondern wesentlich für das Phänomen Otto sein müssen. Hier wird ein nicht mehr ernst zu nehmendes Gegenbild aufbereitet, aus dem sich eine lustige Schulungssituation ableiten lässt. Vorgeführt wird, wie im Urwald der Manipulation und gegen den Massenwahn nachgemachter Menschen, Taktiken der Geistesgegenwart zu entwickeln sind. Taktiken des Austricksens, des sich Durchwindens, mit denen es sich leben lässt, und zwar ohne die bitterböse Miene des Beschissenen, sondern mit dem Lächeln dessen, der das alles gar nicht mehr so wichtig nehmen will.

Der Übergang vom Tendenzwitz zum selbstgenügsamen Humor überführt die in der Ottoshow immer wieder abzurufende Lust am Unsinn in die Fähigkeit, eine Zeitlang zu erkennen, welche Komik an den Normen der Konsum- und Unterhaltungsindustrie zu entfesseln um gleichzeitig der eigenen Rolle des Konsumenten in der Perspektive des Humors begegnen zu können. Ob die Reklamehelden oder die heile Welt, ob die Sprüche unserer Berufspolitiker oder die Serienproduktion, man müsste sonst den ganzen lachen, müsste sich totlachen über diese korrumpierten Träume. Nicht umsonst kam Freud auf die Idee, den Witz zu untersuchen, nachdem ihm vorgeworfen worden war, seine Traumdeutungen hätten viel mit erzwungenen, schlechten Witzen gemein. So gesehen ist Otto ein Sozialisationsagent, für den die Identifizierung von Sozialisation und Anpassung verwerflich geworden sein muss. Zum einen: "Also aufgepasst, Ihr könnt etwas lernen", aber zum andern: "Bitte, wenn Sie die Lösung wissen, rufen Sie bitte nich' dazwischen, sondern schreiben sie zu Hause auf eine Postkarte und hängen die Postkarte bei sich zu Hause an die Wand". Der Rummel um den Pseudobildungsbetrieb, z. B. einer Aufklärungsstunde oder eines Fernsehquiz, wird hier als nichtig dargestellt – es kommt schon nicht einmal mehr darauf an, ob ein Showmaster oder ein Pfarrer vorgeführt ist.

VI SHOWANALYSE: Der Vertrag

Am 11.11.83 wurde im ZDF die Fernsehshow 'HILFE, OTTO kommt!' ausgestrahlt, eine Modifikation der gleichlautenden Tourneen der letzten zwei Jahre, aus denen auch eine Platte hervorgegangen war. Vorgeführt wurde ein multimedialer Unterhaltungsaufguss im Dienste entblößend, aggressiv, zynisch, skeptisch demaskierender Tendenzen. Das Medium der Darstellung war der menschliche Körper, das Ziel die Werbe- und Unterhaltungsideologie, wobei die kritischen und vom Witz getragenen Einsatzstellen immer durch die Komik der Darstellung unterbaut und abgesichert worden sind. Die Mobilisierung der Masse der Fans, bzw. der Einschaltquote beim bundesdeutschen Fernsehzuschauer, kann erst durch die Art und Weise einer spezifischen Vertragssituation verständlich werden, der im Folgenden nachzugehen ist. Es wäre zuwenig, wenn die ästhetische Distanz und die Vorprogrammierung der Fans schon alleine zur Erklärung dieses Vertrags herangezogen werden müssten. Viel entscheidender ist, wie während der Show immer wieder Angebote der Identifizierung aufbereitet und unterlaufen werden und erst aus diesem Wechselspiel ein Vertrag einsichtig wird, der von der Zerstörung des Starkults lebt, aber gleichzeitig eine neue, die Frustration als gefragte Erfahrung einräumende Form des Starkults ausprägt.

Natürlich wird da mit der Köderfunktion der Sexualität gespielt, zu erinnern ist an unser erstes Kapitel, aber es geht um mehr, um anderes. Das gestisch-mimische Darstellungsorgan läuft, als wäre es von einem dahinter versteckten Computer gespeist. Alles ist perfekt aufeinander abgestimmt, alles läuft an einem imaginären Schnürchen, das nur durch die Vertragssituation für das Verständnis nachvollzogen werden kann.

Es ist davon auszugehen, dass die Wirkung der Show zwar primär von den Witzen und Sprachspielen, den persiflierenden Darstellungen usw. lebt, dass sich aber ein viel stärkeres Wirkungsgeschehen auf einer Ebene abspielt, die zwar wahrgenommen, auf die schnelle aber nicht bewusst verarbeitet werden kann. Die dargestellte Körpersprache, im Dirigenten- oder Ballettstück wird sie sogar bewusst gemacht, bereitet den Konsens auf, der zwischen den bewussten

Erwartungen des Publikums, den unbewussten Bedürfnissen und dem perfekt einstudierten Zeichenereignis auf der Bühne zustande kommen muss, wenn die kynischen Ferkeleien im Kontrast zu den zynischen Verblödungsriten der Werbe- und Unterhaltungsideologie wirklich in Gelächter zu überführen sind.

Die Genussmöglichkeit und die freigesetzte Lust können, aber sie müssen nicht von dem ausgelöst werden, was sich dem bewussten Denken an Vergleichen zur Verfügung stellt. Ja, die Infragestellung der alltäglichen Haltung des Konsumenten und seiner Triebziele, sogar seiner Triebschicksale, muss nicht einmal als lustvoll und witzig erfahren werden, sie könnte auch bedrohlich und bedenklich aufdringlich erscheinen. Dass das nicht der Fall ist, kann aus der Darstellungstechnik abgeleitet werden. Nach dem Vorbild der Traumarbeit sind es die nebensächlichen Zeichen, das Beiwerk, aus deren Wechselbeziehungen mich ein Konsens der Interaktion zwischen Star und Publikum herstellen kann. Und diese vorbewusste Übereinstimmung wird in den Dienst einer immer wieder auch angesprochenen oder suggerierten Vertragssituation gestellt.

Zu dieser symbolischen Abmachung ist nicht nur an die früheren Darstellungen der Selbstkastration zu erinnern, im Ablauf dieser Show wird sogar ganz offiziell vorgeführt, wie der Vertrag gestiftet wird und auf welchen Bedingungen der Identifikation er beruhen muss. Das beginnt schon damit, dass Otto als Fernsehansager seine Show auch selbst ansagt. Ganz im Sinne der früheren Mobilisierungen wird an die ökonomische Grundlage erinnert: "Das ZDF hat mich gezwungen – mit Geld." Und diese Zwangssituation wird tatsächlich bei der Zerstörung des Operettenplayboys sehr anschaulich vorgeführt – was interessiert es das Publikum, ob Otto in der ARD oder im ZDF zu sehen ist. Die betrachtete Garderobenszene stellt nicht nur einen Otto vor, der von der Schnelllebigkeit der modernen Zeit geplagt wird, den ein anonymer Lautsprecher in seine Rolle modelliert, der vor Stress nicht mehr weiter weiß und sich sagen lassen muss, was der Augenblick seinem Bewusstsein vorenthält. Sondern da wird auch schon mit dem Blick hinter die Kulissen geködert, da werden Identifikationshilfen aufbereitet. Der ermöglichte Blick, auf den vom Apparat durchwachsenen Alltag dieses Stars, führt eine Variation der in Chaplins Film 'Moderne Zeiten' gezeigten Problematik des aussichtslosen Kampfes zwischen Mensch und

Maschine vor. Er darf vergessen machen, dass in den nächsten Minuten Otto die Rolle der Maschine übernimmt und das Publikum einfach in die Fließbandproduktion der folgenden Show hineinzieht. Die Hektik den Lebensalltags wird in der Hektik der Show abgespiegelt, Gemeinsamkeiten zwischen Star und Publikum ergänzen diesen Wechselbezug und bereiten auch die geistigen Schleichwege vor, auf denen diese Hektik mit zum Lebensalltag quer stehenden Denkanstößen befrachtet werden kann. Die Schnelligkeit hat manches mit der herzustellenden und an die Traumwahrnehmung erinnernden Aufnahmebereitschaft gemein, und diese ist auf die Konsumentenhaltung zu übertragen, weil vorgeführt worden ist, dass sie auch zur Machbarkeit des Stars dazugehört.

Nach dem Einlauf in die Halle – auf Rollschuhen, die zum Emblem der Beweglichkeit ernannt werden könnten: Pubertärer Modebedarf gepaart mit hektischer Betriebsamkeit, aufgewertet zum schnellen Wechsel der Masken – unter den, den schon besprochenen ganz ähnlichen Mobilisierungen, Publikumsbefragungen- und Beschimpfungen wird hervorgehoben, dass die Show vom Fernsehen aufgezeichnet werden soll. Der Vergleich von ZDF und Krankenkasse ist schon nicht mehr ganz neu, der bittere Ernst hinter solchen Witzen, an dem gewaltige Energien freigesetzt werden können, wurde einmal in einem Zweizeiler festgehalten: "Wer Kuli sieht und Frankenfeld, der hat ein Recht auf Krankengeld." Der Gag von den noch suchenden Kameraleuten, deren Publikumskameras versteckt worden sind, um verhindern, dass die – gestisch und mimisch höchst anschaulich vorgeführten – anwesenden Debilen ständig in die Kamera winken, stellt durch die Schmähung schon einen recht intensiven Kontakt zum Publikum her. Daraus geht dann fast zwingend die verbale Stiftung eines Vertrags hervor: Wenn Otto auf die Bühne kommt, sollten die Leute so tun, als ob sie ihn zum ersten Mal gesehen hätten. Was sie dann auch tun, ohne zu bemerken, welche unmögliche Forderung sich eigentlich dahinter verbirgt. Die Zuschauer der ersten Show reagierten Anfang so gut wie nicht, erst nach der sicheren Einsenkung des Markenzeichens ist es üblich geworden, dass der Star beim Betreten der Bühne Beifallstürme auslöst. So auch jetzt, wie vorprogrammiert. Wortwörtlich begründet der Vertrag eine einfach übergangene Absurdität; so wie er verstanden wird, weist er dem Publikum scheinbar den Eingeweihtenstatus zu, um dadurch tatsächlich dem Fernsehzuschauer die Illusion zu vermitteln, er könne gerade durch das Medium Aufzeichnung in die Lage versetzt werden, die übliche Illusion des Showbetriebs zu durchbrechen. Eine ähnliche Funktion hatte schließlich schon die Umkleideszene in der Garderobe gehabt. Diese Möglichkeit, Illusionen zu durchstoßen und hinter die wahren Verhältnisse zu kommen, stiftet über den Spruch hinaus den tatsächlichen Vertrag zwischen Otto und Publikum, und zwar in einer Offenheit, die selbst diese Möglichkeit noch als Illusion durchschaubar werden lässt.

Was hier aus der reflexiven Spannung zwischen Ottoshow und Otto- im- Fernsehen zugänglich wird, bewirkt nichts anderes, als die Reflexionsfiguren in den Werken der Frühromantiker. Damals war es darum gegangen, die Fiktion als Fiktion vorzuführen. Nicht nur, um den ästhetischen Kitzel in den wechselweisen Reflexionen und Potenzierungen der Reflexion zu steigern, sondern mehr noch, um den zum einen aus der Philosophie Kants, zum anderen aus der Erfahrung der französischen Revolution herkommenden Gedanken der Machbarkeit der Wirklichkeit umzusetzen in neue Erfahrungen. Ein Versuch, der schnell fehlschlug und in der Ästhetisierung des Alltags degenerierte. Heute kann sich dasselbe Wechselspiel als Antrieb der Werbeindustrie einsetzen lassen, und es wird bis zum Exzess durchgezogen, um die Illusionen zu fördern, die notwendig sind, damit nicht mehr auf den Gedanken der Machbarkeit der eigenen Welt zu kommen ist. Mehr noch, um davon Abschied zu nehmen, ohne noch von der Qual des Versagens etwas spüren zu müssen.

Das ist nicht notwendig an diese Form der Darstellung gebunden, sowohl die Illusionierung wie auch die Aufsprengung jeglicher Illusion kann mit ihr angezielt sein. Die von Brechts epischem Theater aufbereitete Verfremdung war als Gegenbewegung zur ästhetischen Illusion konzipiert gewesen, um das politische Ziel des Klassenkampfs als die zu vermittelnde Wahrheit einsichtig zu machen. Schon in der Reflexionsfigur der aufgezeichneten Ottoshow finden beide Prozesse wechselweise statt; mit dem Erfolg, dass das frühromantische Bedürfnis an der Machbarkeit der Welt und Brechts revolutionäre Arbeitsanweisung, die ja tatsächlich aufeinander bezogen werden können, als Ästhetisierung des Gegebenen und als Aufforderung zur Desillusionierung der Erkenntnis des Gewordenen, verquickt werden zur Desillusionierung kritischer Restbestände unter dem Vorzeichen alternativer Unterhaltung. Ein Wechselspiel, das recht genau die Erwartungen des Publikums zu treffen scheint.

Diese Abmachung der reflektierten Illusion zieht sich durch die ganze Show, um schließlich am Ende in der lobenden Bestätigung der dadurch hervorgerufenen Anpassungsleistung der Fans zu münden – in einer Darstellungsform, die eben diese Anpassung ins Absurde umkippen lässt. Das beginnt mit der Reproduktion des alten Beatles' Songs 'Honey pie'. Die Leute setzen sofort mit der zum Klatschen aufreizenden Stampfbewegung des weißen Turnschuhs ein, sind voll dabei, um mit dem Spruch: " von Ekstase hat keiner 'was gesagt" gebremst, aber nicht einmal frustriert zu werden. Dann werden sie sogar aufgefordert zum Mitgehen, zur Ekstase, allerdings gibt Otto das Tempo vor und wird dabei so schnell, dass keiner mehr mithalten kann. Abstoßen und Anziehen heißt das Wechselspiel der Macht. Und wieder kann es zu keiner Frustration kommen, der Kampf gegen den vom Apparat durchwachsenen Alltag spielt hier als Köder mit herein. Die vorgeführte Stimmakrobatik erweist sich plötzlich als Play-back und Otto als Betrüger, unterstrichen wird das von gespielt dummen Entschuldigungen mit einer Rückkopplung. Gewonnen hat die Maschinerie, und das Publikum darf sich den Spruch vergegenwärtigen: Wer zuletzt lacht ..., und es lacht. In der gemeinsamen Frontstellung gegen den Apparat, gegen die das menschliche Leben überwuchernde Technik, hat sich eine Verbündetensituation ergeben. So wie das Publikum beim ersten Mitklatschen auf die ganz privaten Bedürfnisse aufmerksam gemacht wird, beim zweiten Anlauf vorgeführt bekommt, dass die Hektik der modernen Unterhaltung nur das Gegenstück zu einer Lebenshaltung darstellt, in der das tatsächliche Bedürfnis nicht mehr mithalten kann, wird am Vorrang der Technik, beispielhaft am Play-back, deutlich gemacht, welches gemeinsame Interesse alle Beteiligten der Show doch verbinden kann.

Die anschließenden Witze und Verarschungen sind nur die Folgerung daraus. Das mobilisierte kritische Bewusstsein darf sich in rückhaltlosem Gelächter – wo wäre das sonst so billig zu haben – und unter der Anleitung eines kleinen großen Mannes entladen. Für die Massenwirkung ist es wichtig, dass es ein kleiner großer Mann ist, einer wie alle und erst dadurch einer für alle. Und diese Anleitung nimmt alles aufs Korn, was den Lebensalltag im zweiten Arbeitsbereich, der Freizeit, prägt und damit für die eigentliche Zeit der Arbeit fit hält, Leistungsreserven aufbaut, die nur sekundär dem Menschen selbst zugute kommen. Die Theologie der Bewusstseinsindustrie und der ganze Wust an überdrehten Repräsentationen wird noch einmal überdreht und dann als alltäglicher Schwachsinn präsentiert.

Immer im Hinblick auf die Vertragssituation können Infragestellungen möglich werden, die in anderen Zusammenhängen schon jenseits der Leidensbereitschaft angepasster Konsumenten lokalisiert werden müssten – so etwa die Problematisierung der menschlichen Kommunikationsfähigkeit. Am Beispiel der Dirigentenszene kann gezeigt werden, wie das jeglicher Verständigung widersprechende zynische Verhältnis zwischen Star und Publikum umgefälscht werden kann in die kynische Lust am Blödsinn, in "die Wiedergewinnung der verlorenen Frechheit".

Zurückgegriffen wird nicht etwa auf einen x-beliebigen Popstar, die mobilisierte Quantität der Einsicht kann auf ein Requisit aus der Kulturindustrie zurückgeführt werden: Herbert von Karamalz – zu erinnern ist bei diesem Spiel mit dem Namen an das Bier für Kinder, an die entschärfte Rauschwirkung dieser Form des flüssigen Brotes.

E. Canetti hat in 'Masse und Macht' auch dem Dirigenten ein kleines Kapitel gewidmet. Es gibt keinen anschaulicheren Ausdruck für Macht als die Tätigkeit des Dirigenten. Er steht, allein und erhöht, hat Macht über Leben und Tod der Stimmen; er vertritt die Gesetze der Partitur in der hergestellten Öffentlichkeit, nimmt die Akklamation des Siegers entgegen, er bestimmt über die Beweglichkeit des Publikums, das von ihm während der Aufführung nur den Rücken zu sehen bekommt, ist damit Führer der Menge; er hat die vollständige Partitur vor sich und ist allgegenwärtig in den Köpfen der Musiker, er gibt an, was geschieht, und stellt für das Orchester das ganze Werk vor, Herrscher jener Welt. Adorno hat in der Arbeit 'Über den Fetischcharakter in der Musik und die Regression des Hörens' darauf hingewiesen, dass der Dirigentenfetischismus sogar ein doppelter sei, einerseits offensichtlich, andererseits völlig verschleiert: Der Dirigent wird nicht mehr gebraucht für die Reproduktion der Werke, aber er vertritt einen Bedarf an Vitalität und Individualität, den die gesellschaftliche Wirklichkeit längst hinter sich gelassen hat.

Die Darstellung der Rolle des Schamanen und Magiers, die im Dirigenten noch weiterleben darf, liefert den Ansatz, die völlig hohle Show zu demaskieren, die da vor einem funktionalisierten Männerchor, der den einstudierten Ablauf auch allein reproduzieren könnte, abgezogen wird. Otto führt das ganze Theater so übertrieben vor, dass die Hanswurstrolle des Dirigenten zu einem allgemeinen Gesetz erhoben werden kann. Angefangen beim Spiel mit dem Taktstock, bis zur enthemmenden Wirkung der Männerstimmen auf den sich wie rasend verselbständigenden Körper des Dirigenten. Diese Gesetzmäßigkeit wird sogar überführt auf die Reaktion des Publikums, das die Sache aufnimmt, wie es der Schulung durch die Medien entspricht, und den markigen Gesang durch Klatschen zu unterstreichen beginnt.

Das rhythmische Mitgehen, die Freude an der scheinbar spontanen Äußerung der eigenen Hände berauscht sich am Don-Kosaken-Feeling, aber die Form der Darstellung, die Unterbrechungen der Darbietung und das Scheitern der Kommunikation, überführt auch diese Spontaneität in die zugrunde liegende Hohlheit. Bezeichnend ist, dass alle von Canetti aufgeführten Attribute der Macht zitiert und gleichzeitig unterlaufen und aufgebrochen worden. Das reicht bis zum Abschlussapplaus und der für die Zusammenarbeit dankenden Geste des Händeschüttelns, das nicht zustande kommt, weil ein Clownsgag wichtiger ist und einer der Sänger statt der Hand den Frack in die Hand gedrückt bekommt.

Die Dirigentenszene spielt eine Kommunikationssituation aus, deren Herstellung einmal das Signum hoher Kunst gewesen ist, die aber heute bei ähnlichen wie der zitierten Kulturveranstaltung nur noch den Rahmen von Hokuspokus abgibt. Karamalz kann die Ekstase seines Publikums aufgrund einfacher Steuerungsmechanismen auslösen, da wird geklatscht und da nicht, und es geht mehr um den Rhythmus als um die Realisierung einer erkenntnisgleichen Wechselwirkung zwischen Musik und Publikum.

Es ist vielleicht nicht zu weit hergeholt, wenn behauptet werden kann, dass das hier provozierte, lustvolle Versagen der Kommunikation an die Frustration mancher Musikstunde in der Schule anklingen kann, dass dazu noch mit einem Ressentiment gegen die "hohe" Kultur gerechnet wird und die Kosakenchor- Reminiszenz gleichzeitig Volksfestbedürfnisse abruft: im Taumel der rege werdenden anonymen Masse mitzutreiben. Und Otto unterbricht, scheinbar echt Dirigent, aber Canetti hat darauf hingewiesen, dass die Macht des Dirigenten über das Publikum darin begründet ist, dass er sich nicht umdreht, dass der Rücken als Projektionsschirm gerade genügt. Otto unterbricht: "Wenn Sie schon mitklatschen wollen, dann müssen Sie auch auf das Hörnchen des Meisters achten ..." Nach dem Taktstock soll die Begeisterung ausgerichtet werden, ein Stöckchen, das später noch häufig genug als Potenzsymbol eingesetzt werden kann, in einer Art und Weise, die den Gehalt hervortreibt, wie er sonst nirgends in der Kulturindustrie gezeigt werden will. Zuerst hatte das Spiel mit dem Stöckchen sogar das Markenzeichen untergejubelt, zur Einstimmung des Publikums auf die lustbetonte Frustration war es zum Popelschleudern des die kulturelle Norm durchbrechenden, an seiner Schamanenrolle irre werdenden Bildungspropheten und Sozialisationsagenten eingesetzt worden, um folgerichtig die symbolische Kastration anzuschließen. Der kulturelle Heros brach sein Stöckchen erstmal wütend entzwei.

Damit war genug zur Einstimmung geleistet, fauler Zauber und echter Zauber, gemessen an der Kommunikationsfähigkeit, sind voneinander abgesetzt worden – die Hohlheit der Karamalzshow von der an den Körper zurückgebundenen Darstellung des Phänomens Otto. Nun kann für eine Weile die Macht der Musik vorgeführt werden, um dann die Kommunikation selbst ins Blickfeld zu rücken. Das Abknicken des Stöckchens ist nicht nur lustig, es zeigt auch, dass es um die Wurst geht. Das Publikum soll, das könnte schon als Kommunikationskurs bezeichnet werden, nun auf die Signale des nächsten Stöckchens achten lernen, um die hohle Ekstase in die hohe Kultur einzubringen. Natürlich funktioniert das nicht. Es kann gezeigt werden, dass es gerade die vom Dirigenten repräsentierte Macht ist – Adorno hat 1938 auf die ähnliche Funktion von Führer und Dirigent hingewiesen –, die die Fähigkeit zur Kommunikation immer beschneiden muss. Ein clowneskes Gegenbild wird ins Publikum zurückgespiegelt, als ginge es darum, durch die scheinbare Unterrichtssituation erst klarzumachen, wer der eigentliche Clown ist und wem es wichtig sein muss, sich am debilen Gestus des

Clowns zu therapieren. Daran kann nachvollzogen werden, wie das Blödeln in den Dienst der Erkenntnis gestellt wird. Die Flucht sozialisierter Debiler in die Entgrenzung des Schwachsinns wird vorgeführt und eingebunden in notwendiges Kritikvermögen. Die Aufforderung zum Kommunikationskurs kann an die Verhaftetheit des Angepassten an den Unterhaltungsbetrieb anknüpfen, um das Scheitern jeglicher Kommunikation dann aus dieser Verhaftung selbst zu begründen, und offensichtlich bleiben nur noch Blödel im Saal zurück. Das Spiel ist für den Fernsehzuschauer gedacht, er schließlich bei dieser Show der letzte Adressat.

Der Körper als Kommunikationsmittel – schon in der "Discokommunikation" einer früheren Show war mit der Vorgeschichte des Menschen gespielt worden, um das Verstummen im Dschungel der Großstadt, das abnehmende Sprachvermögen in einer technisierten Gewohnheitswelt, spaßig durch den Rückgriff auf die Körpersprache zu kennzeichnen. Die Dirigentenszene nimmt diesen Bezug auf körpergebundene Signale auf, um die Interaktion von Star und Publikum in einer bewusst herbeigeführten Schulungssituation zu begründen.

Interessant ist die durch das Scheitern der Unterweisung bedingte Steigerung: Als es beim ersten Mal nicht klappt, wird das genormte Zeichen durch spärliche Gesten mit dem Stöckchen unterstrichen, da klatschen, da Stopp. Als es das nächste Mal oder nicht klappt, handhabt Otto das Stöckchen, als handele es sich nun um einen Dreschflegel. War es zuerst vielleicht nur der sprichwörtliche Splitter im Auge, so wird es auf die Dauer zur Handhabung des schweren Bretts, das anscheinend nicht mehr, nach dem Diktum F. Schlegels, an der dicksten Stelle anzubohren ist, nachdem es, wie die Situation beweisen kann,
nicht mehr das Brett vor dem Kopf, sondern schon der gehörige Sparren im Hirn sein muss, mit dem hier dirigiert wird. Dementsprechend startet Otto, nachdem auch das Scheitern des dritten Versuchs provoziert worden ist, nicht etwa noch einen weiteren Versuch, er zeigt auch keine Empörung mehr, dass es nicht klappt hat. Er geht einfach zum Dirigieren seines Chors über, da ist die Funktion eingeübt und gedrillt, da klappt es schon ohne ihn, nachdem er allerdings, so als ginge es niemals um die Interaktion, schrill und beißend verlacht, was sich während der Schulminuten an Ver-

sagen ergeben hat. Er lacht, wie sonst das übelste Publikum seine Clowns auslacht, nur noch Lachen über ... kein bisschen mehr Lachen mit ... In einer früheren Show hatte es einmal geheißen, interessant sei, wie die Leute lachten, danach wurden die verklemmtesten und kaputtesten Lachen vorgeführt. Jetzt hat er ein Lachen für sein Publikum parat, das gerade den angepasstesten und hysterischsten Figuren dieses Publikums entsprechen kann. Ohne Vorwarnung findet sich das Publikum in der Rolle des Clowns und Blödels wieder, eben weil der Karamalzschamane schon wieder seinen Chor dirigiert.

Deutlich wird, wie der Lachmechanismus und die durchschnittliche Kommunikationsstörung des Publikums aufeinander bezogen werden müssen. Es ist die Macht, die verkrüppelt und zum Schweigen bringt, es ist das Lachen, das sie kurzzeitig für nichtig erklärt und ihre Parteigänger zu Hanswürsten abstempelt. Das könnte Beklemmungen auslösen, aber die angerührten Energien werden durch den schnellen Fortgang daran gehindert, in einem negativen Gefühl hängen zu bleiben – vielleicht ist der mit dem Frack in der Hand stehen gelassene Sänger am Schluss der Szene der notwendige Blitzableiter dieser Energien. Das würde die starke Wirkung des Schlussgags erklären, denn dieser Klamauk ist den sonstigen Darstellungen des Phänomens Otto nicht unbedingt gleichzusetzen.

Der Terminus Kommunikationsstörung ist nicht leichtfertig oder zufällig hierher geraten. Im Phänomen Otto realisiert sich immer wieder die Möglichkeit unverstellter Kommunikation, wobei die Eigenart der Darstellung darauf beruht, dass Wahrnehmungsweisen und Äußerungsformen, die tabuisiert und ausgegrenzt worden oder in den alltäglichen Automatismen verloren gegangen sind, wieder zugänglich gemacht werden. Mag das sonst von der Rezeptionsästhetik als Aufgabe der Kunst nachgewiesen worden sein, so findet es sich hier eben schon im Bereich der Massenunterhaltung wieder, als Therapeutikum der in ihr ablaufenden Abstumpfungen und Ausgrenzungen. Vielleicht ist das dadurch zu erklären, dass jene Funktion der Kunst nach und nach zur elitären Spielerei geworden ist. Die in die Massenunterhaltung eingehenden Bedürfnisse mögen noch so gut zur Manipulation verwendet werden können, ein Bedarf an Entautomatisierung und Enttabuisierung ist schon am Reiz des Neuen und der Wunschbilder festzustellen. Den Wahrheitsgehalt dieses Reizes kann das Phänomen Otto zugänglich machen, indem gerade am Showeffekt die Verlogenheit und Hohlheit vorgeführt wird und damit der ursprüngliche Bedarf wieder freizusetzen ist.

Das geschieht nicht nur aus Versehen und nebenbei, der Kommunikationskurs, gerade weil er auf die Erfahrung absichernde und fundierende Körpersprache zurückgreift, und sein Scheitern, sind so fein aufeinander abgestimmt, dass sogar noch weiter gedacht werden kann. Vielleicht verbürgt gerade das Scheitern, die Zuweisung der Rolle des Clowns an das Publikum, eine tiefere Übereinstimmung, die vom unangenehmen, auf manche Alltagssituation zurückführbaren Unbehagen, sich wirklich nicht mehr richtig verständigen zu können, befreien soll. Die Kritik an der genormten, zu oft signalgesteuerten Surrogaterfahrung verbindet. Schließlich ist der in der Karamalzszene aufbereitete Kontext einer, in dem der einzelne Musiker zum perfekt funktionierenden Instrument des Dirigenten zu werden hat – reduziert auf den schlichten Signalempfänger, und Signale gehören weit mehr in die Instinktgebundenheit des tierischen Verhaltens oder in die Regelkreise der Kybernetik, liegen aber längst nicht auf der gleichen Ebene mit er der menschlichen Sprache. Das Scheitern des Publikumschores ist dann eines, das die Spontaneität und Individualität der Klatscher zu bestätigen hat oder wenigstens deren angenehme Illusion.

Daran kann das wirkliche Ausmaß der Kommunikationsstörung sichtbar werden, schließlich geht es immer darum – ob Unterhaltungs- oder Warenästhetik – die Illusion der Spontaneität und Individualität der Konsumenten zu fördern, im Rahmen dieser Illusion dann besser über Bedürfnisse und Erwartungen verfügen zu können. Gerade deswegen ist die Unentschiedenheit des Phänomens Otto in dieser Szene wichtig, hier sind noch beide Komponenten, Lernverhalten und Verdummung, nachvollziehbar. Die scheinbare Bestätigung der Bedürfnisse dieses Publikums wird im Rahmen einer Nische, die ja deswegen aufgesucht wird, auch zum frustrierenden Effekt des Verlachtwerdens umgebogen. Was die trotz aller Farbeffekte graue Wirklichkeit tatsächlich verweigert – längst ist es nicht mehr die Theorie, die wegen solcher Farblosigkeit verklagt werden kann –darf hier noch Ernst genommen werden, aber im Zusammenhang mit der zum Lernerfolg nötigen Frustration. In der Erfahrung sind Schmerz und Negation Bildungskomponenten echter

Individualität. Wenn nun gezeigt wird, welche universale Kommunikationsbehinderung die reine Konsumwelt ausmacht, in der alles auf die schnelle Ersatzbefriedigung hinausläuft, ohne die Einsenkung von Erfahrung ins Individuum, so ist auch an die Grundlagen echter Erfahrung, an Schmerz und Negation, erinnert.

Ähnliche Fragestellungen und ein ähnliches Ausweichen vor der gar zu leichten Lösung finden sich über die ganze Show verteilt. Immer wieder geht es darum, dass ein Verweilen bei der Fraglichkeit bewusstseinsfördernde Funktionen auslöst, die über Witz und Komik hinausgehend auf einen Vertrag zurückgeführt werden können. Die Ausgeliefertheit des Menschen gegenüber einer technisierten Umwelt und die Schwierigkeit, an wirklicher Kommunikation und befriedigender Interaktion teilzunehmen, liefern die Folie, auf der dann die von Witz und Komik freigesetzten alternativen Möglichkeiten vergegenwärtigt werden. In den Erscheinungsformen der Unterhaltungsindustrie vegetiert das reale menschliche Bedürfnis nicht nur dahin, es bildet auch den Auslöser, der immer wieder verführend zu ihr hinleitet, als wäre damit der letzte jederzeit zugängliche Ort dieses Bedürfnisses gegeben. Und gerade das macht den Beschiss des nachgemachten Lebens aus: Die Ausgeliefertheit an die Ersatzbefriedigungen und der dadurch hervorgerufene Mangel an Eigeninitiative finden nicht mehr zur Wirklichkeit des Bedürfnisses zurück.

Diese Ausgeliefertheit wird vom Phänomen Otto durchbrochen, wenn der Mensch im Kampf gegen die Folgen der technisierten und manipulierten Lebenswelt vorgeführt wird. War Otto noch bei der Reproduktion von 'Honey pie' aufgelaufen und die Übermacht der Technik als Köder für das Publikum eingebracht worden, so zeigt die Bayernszene mit dem Play-back-Echo schon die Gegentendenz. Die Komik der urwüchsigen Figur, die unterhalb der kulturellen Norm aufbereitet wird, leitet über zum jodeln. Ein Jodler, der vom Play-back- Echo aufgenommen wird, beim nächsten Jodler ein Husten zwischendrin, auch er wird durchs Tonband reproduziert, denn es geht hier um kein Echo, das steht nur für die Technik. Die nächsten Jodler bauen Hundegebell mit ein, und das Echo verstummt – um abschließend seine Frustration bekannt zu geben: "A leckst mi doch am Oarsch". Das von dem Fluch mobilisierte Gelächter der Masse und die zugrunde liegende Komik eines individualisierten

Echos stellen das spiegelverkehrte Verhältnis dar; so verdreht muss es zugehen, wenn angedeutet werden will, wie die Technik vor der individuellen Äußerung versagt, wie ihr nur die genormte und standardisierte Äußerung reproduzierbar ist. Noch dazu ist diese individuelle Äußerung das Gebell eines Hundes, es vertritt die Natur, die dem nachgemachten Menschen immer stärker aberzogen wird. Appelliert ist an die noch nicht ausgerotteten Restbestände der individuellen Äußerung, an denen die Technik einfach vorbeigeht. Ähnliches zeigt sich auch in der Chorszene, schließlich dominiert das Lachen, schließlich ist mit dem Lachen als einer elementaren Antwort des Körpers, einem Chaos der Artikulation, eine Gegenbewegung der Interaktion zustande gebracht worden.

Bei der später noch zu betrachtenden Sendung für das aufgeweckte Kind wird die vom Phänomen Otto ermöglichte Interaktion recht deutlich an Mimik und Gestik zurückgebunden. Die Einleitungsgrimassen kommentieren die genormte Reaktion des Publikums Mit einem entsetzten und gepeinigten Gesichtsausdruck und dem körperlichen Abrücken, die folgenden Witzfiguren mobilisieren destruktive und sadomasochistische Latenzen, um immer spielerischer und beweglicher auf die Reaktion des Publikums zu antworten.

Die Inszenierung körpersprachlicher Interaktion greift immer beide Momente auf. Ihr Spannungsbogen reicht von der Frühgeschichte der Menschheit bis zur neuen Barbarei, im Dschungel der Großstadt einfache Zeichen für die Restbestände der Verständigung einzusetzen, gegen den Lärmpegel akustischer Überlastungen und gegen die Reizüberflutung optischer Signale. Ob Dirigent oder Märchentante, Otto stellt zuerst die Reduzierung der sprachlichen Erfahrungsmöglichkeiten – der Mensch zeichnet sich vor dem Tierreich primär durch die Sprache aus – auf Debilität dar, als Konfrontation des Publikums mit einer überzeichneten, in der Substanz aber treffenden Alltagshaltung eingeschränkter Verständigungsfähigkeiten, um aus eben dem damit zugänglich gemachten, sonst nur schlummernden Unbehagen die Energien für ein befreiendes Gelächter abzuziehen. Was im Phänomen Otto vereint ist, die ausgelieferte Unfähigkeit, wie die Kochrezepte in Sachen Glück, wenn es um die Konfrontation mit dem manipulierten und multimedialen Alltag geht, führt das erschütternde Problem gleich mit der erleichternden Lösung vor. Die demaskierende Darstellung eben der technischen Zivilisationsumstände, in denen das Versagen programmiert wurde, formt sie zu Auswüchsen des Schwachsinns. Die Befreiung ergibt sich aus der gleichzeitigen Herabsetzung und Aufhebung eben der Ansprüche, die das kommunikative Versagen erst bedingen. Ihrer Wertigkeit werden sie durch die Einsicht in Beliebigkeit und faulen Zauber beraubt, im Hegelschen Sinne aufgehoben werden sie durch die Freisetzung der Witzenergie zu Zwecken menschlicher Entfaltung: Was als Sozialisationsforderung angetreten ist, wird als Witz für den Genuss vertretbar.

Damit sind wir wieder bei der Bedeutung der Vertragssituation. Zwar wird keine der Bedingungen aus der Welt geschaffen, die den ausgelieferten und seiner eigenen Geschichte nicht mehr mächtigen Menschen prägen, wie sollte das auch auf dem Unterhaltungssektor und gegenüber Konsumenten zu leisten sein. Aber es wird gezeigt, wie hohl und nebensächlich diese Ausgeliefertheit beschaffen sein muss, wenn schon ein paar an den richtigen Zusammenhängen hervorgerufene Kurzschlüsse der genormten kulturellen Umwege manche der Wunschwelten in einem gespenstischen Licht aufscheinen, manche andere dagegen als lustiges Feuerwerk abbrennen lassen. Ob Werbung und Konsumentenbefragung, ob der Dr. Dreist einer Karnevalssitzung oder der Lehrer des Sexualkundeunterrichts – im Zusammenhang Körper werden diese Szenen noch zu untersuchen sein –, immer wird eine relativ unkonventionalisierte Kommunikationsbeziehung zwischen Otto und Publikum aufbereitet, um dann bestimmte Fragestellungen aus der Welt des unverbindlichen Geschwätzes zurückzuholen und in den Lebensvollzug einzubinden.

Das wird schon an mancher nebensächlichen Erscheinung des Markenzeichens Otto in einer Weise zu zeigen sein, die vom Oberflächenzusammenhang abstrahiert, daran vorbei sieht und an den einzelnen Details anknüpft. Im Zeitalter von Jeansuniform und Turnschuhgeneration wird das Markenzeichen Otto im Großvateranzug präsentiert, aber mit Turnschuhen; in einem konformen Oberhemd mit dem Bimbozeichen auf der Brust – aber bei dem Hemd sind die Ärmel abgetetzt worden; die fransigen Haare sind zwar noch schulterlang, werden schon dünner, aber sie sind getönt. Einmal am Anfang, beim Zeitschinden, versteckt sich hinter den ausgehenden Haaren wieder das Spiel mit dem Vertrag. Otto tut so, als würde er sich ein Haar ausreißen vielleicht werden sie deswegen dünner –,

um es um einen Tuchzipfel zu wickeln und damit den Zipfel zu bewegen. Die Daumenakrobatik zitiert die Imagepflege des Stars, der
sich für sein Publikum aufopfert, ganz im Sinne der Pressemeldun-
gen, die immer wieder neu verbürgen müssen, Otto arbeite wie ein
Tier, was in diesem Zusammenhang heißt: Er scheut nicht davor zurück, sein schütteres Haar zu opfern. Auch beim Zeitschinden, beim
Spiel mit dem hinter einem Tuch verborgenen Mikrofon, wird kurz
die lebensbedrohende Rolle der Technik zitiert – das Mikrofon beginnt sich zu verselbständigen, eine dritte Hand taucht auf und geht
dem Star an die Gurgel.

Die Einfahrt auf Rollschuhen soll die Nähe zum Konsumhorizont
vorführen, 'der ostfriesische Götterbote' bringt tatsächlich Botschaf-
ten aus dem Paradies des Konsums. Er führt vor, wie der irdische
Konsum verwandelt werden kann, um dann nicht mehr Entfremdung zu bewirken, sondern die Befreiung der in der Anpassung
festgefressenen Lebensenergien: ein Zauberpriester des Konsums.
Besonders anschaulich wird das, wenn er unter Gelächter auf die
Bühne robben muss, die Erniedrigung ist nicht unwesentlich:
zwecks der Rollschuhe die Bühne nicht einfach bespringen zu können, sondern tatsächlich erst einmal auf der Nase und auf dem
Bauch zu liegen und sich erst dann zur Heldengröße des Stars auf-
zurichten. Das ist zum Lachen gedacht, aber der tiefer liegende
Grund wird vorgeführt an dem Übergang, wie er sich der Modeklöt-
ze am Bein entledigt, einen Turnschuh aus der Jackentasche, einen
aus der Gesäßtasche herholt und sie lässig überstreift – dazu gehört
natürlich, dass die Turnschuhe während der stressigen Garderobenszene in ganz andere Taschen gesteckt worden waren. Komisch ist
das schon deswegen, weil es unüblich ist, so leicht und selbstverständlich die Maske wechseln zu können, die Mode mit Füßen zu
treten. Wer hat schon immer den nötigen Gegenzauber bei sich, wer
denkt schon daran, sich rechtzeitig damit zu versehen, noch dazu so
etwas Unpassendes wie ein Turnschuh in der Brusttasche, wo sonst
Ausweis und Geldbeutel hingehören: höchstens ein Zauberpriester
des Konsums.

Die Erarbeitung anderer Modifizierungen des Markenzeichens kann
noch aufgeschoben werden bis zur Betrachtung der Rolle des Körpers in diesen Zusammenhängen. Hier interessiert noch der Blick
auf den ausgefransten Hemdärmel. Herrenkonfektion mit dem Mar-

kenzeichenbimbo auf der Brust, farblich gut abgestimmt auf die Augen und den Kontrast zum Bühnenhintergrund. Es ist schon klar geworden, dass die kritischen Anstöße gar nicht im Kleid der neuesten Alternative aufbereitet werden dürfen. Dazu steckt nicht nur in jeder dieser Oberflächenalternativen viel zuviel Konformität, auch ein Blick ins Publikum zeigt mehr als genug gegen die Kritik stehende Angepasstheit. Erstmal ist der Köder nötig, um mitzuwiehern, wenn ein gelungener Gag gerade auf einem Wahrheitsgehalt aufruht, der Anpassung oder alternative Konformität einfach beiseite fegt. Otto tritt schon auf wie ein Produkt der Traumfabrik. Einander fremde, nicht zusammenstimmende Attribute sind kombiniert worden, und die einzelnen Zeichen zählen nicht, sie stehen immer nur für den alltäglichen Schwachsinn, wichtig sind die Beziehungen, die sich zwischen ihnen ausprägen, wenn der Oberflächenzusammenhang gesprengt worden ist.

Deswegen ist an dem ausgefransten Hemdärmel festzuhalten. Haben die langen Ärmel des Hemdes gestört? sind sie nicht sauber abgetrennt und umkändelt worden, sondern etwa auf die Schnelle abgefetzt? oder handelt es sich um ein kurzärmeliges Hemd, das den Abnutzungserscheinungen einer Ottoshow nicht standhalten konnte und einfach ausgefranst ist? Wer gegen diese Fragen einwenden wollte, dass so eine Beobachtung doch recht zufällig zustande gekommen sei und die davon abgeleiteten Folgerungen vielleicht nur Überinterpretationen darstellen, kann an 'Das Buch Otto' erinnert werden – auch dort wird er den ausgefransten Ärmel immer wieder finden können.

Am Hemd selbst steht es nicht dran, das nur nebensächliche Zeichen sagt noch gar nichts. Zwar mag die Schlussszene, als Otto wieder im Garderobenschrank verschwindet und davor noch einen Ende-Elefanten an die Innenseite der Schranktür zeichnet, schweißüberströmt und erschöpft – mit dem glücklichen Gesichtsausdruck, der an einen Orgasmus erinnern könnte, der auch den Partner voll befriedigt hat –, auf die Abnutzungserscheinung verweisen, aber was sagt das schon. Wichtiger ist für den an der Traumarbeit geschulten Blick die Diskrepanz der kombinierten Zeichen. Turnschuhe, Poprestfrisur, der ausgefranste Ärmel und dann der Opaanzug, der ja nicht nur die vollgeschissene Hose vorführen lässt. Alles zusammen genommen verführt schon dazu, zu argwöhnen, ob nicht bei mancher konventionellen Bildschirmfigur anzunehmen ist: Mensch, der hat die Hosen voll.

Oder auch andersrum, und das führt auf den schon besprochenen, in den 'Variationen' demaskierten Schwachsinn. Hieß Konformität einmal, möglichst unauffällig die Erscheinungsformen des Durchschnitts als Norm anzuerkennen, so hat sich dieses Verhältnis längst gewandelt. Neben einer kleineren Zahl derer, die ihre Konformität noch dokumentieren, gibt es die große Zahl. der progressiven Mitläufer, die eigentlich in die gleiche Kategorie gehören, weil die jeweils wichtige Modeuniform einer gruppenspezifischen Konformität zugeordnet werden muss. Der Siegeszug des falschen Bewusstseins, der besonders leicht an der Mode zu erkennen ist, an den äußerlichen Signalen, die auch immer Erkennungszeichen und Identitätsmerkmale sein sollen, verwischt auch die Unterscheidung von Konformismus und Nonkonformismus – die Signale sind nur so lange signifikant, wie sie auf Repressionen rechnen müssen. Die Welt der Spiegel und Masken ist nicht etwa in Bewegung geraten, um der individuellen Freiheit neue Bereiche aufzutun und die Erkenntnis, dass der Mensch ein offenes Prozesswesen ist, in die alltägliche Erfahrung einzuführen. Gerade das nicht – nur der Köder der modischen Neuheit ähnelt dem, bewirkt wird aber das Gegenteil. Der schnelle Wandel und die Beliebigkeit der Erkennungszeichen steht in der Funktion, auch noch die radikalsten Zeichen der Abweichung zur modischen Unverbindlichkeit umzubiegen. Die Unterscheidung zwischen Anpassung und Abweichung wird damit nicht nur erschwert, das noch vorhandene Konfliktpotential wird gerade schon in den spielerischen und versuchenden Anfängen seiner Ausdrucksformen beraubt.

Der ausgefranste Ärmel mag diese Problematik symbolisieren und damit auch die übrigen Erscheinungsweisen Ottos zusammenfassen. Es kommt nicht mehr darauf an, das modische Einerlei ist nicht nur nebensächlich, es ist nicht einmal mehr wert, dagegen noch ernstzunehmende Alternativen zu erarbeiten – falls die überhaupt noch möglich sind gegenüber der ungeheuren Integrationsfähigkeit der Moden. Viel sinnvoller scheint es, den entsprechenden Zusammenhängen die jeweils brauchbarsten Versatzstücke zu entnehmen, um das Beste daraus zu machen, wenn die auf die modische Normierung verweisenden Signale einfach als unwichtig behandelt werden können. Ob Roll- oder Turnschuhe oder ein ausgefranster Ärmel, Erkennungszeichen taugen für das Phänomen Otto nur als Zitate, die ihrer angestammten Bedeutung beraubt werden, um in den übergreifenden Kontext eines Rauschs der Bedeutungen eingerückt zu werden.

Dieser anarchische Rausch muss nicht einmal einen Kater im Gefolge haben, wenn er in einem zeitlich begrenzten und ästhetisch entschärften Rahmen aufbereitet wird und durch die Mobilisierung des Publikums an Bedürfnisse anklingen kann, die erst innerhalb der dargestellten und höchst verwickelten Vertragssituation zu ihrem Recht kommen dürfen.

Die Szene in der Garderobe hatte zur Einstimmung getaugt. Die Bedingtheit des Stars, auch dieses Stars, war vorgeführt worden, um aus dem Wechselspiel von Identifikationsangeboten und der Durchbrechung der Identifikation eine Art der Unterweisung hervorgehen zu lassen. Das Gegenstück dazu und die Aufforderung, an den Aufbaukursen künftiger Shows teilzunehmen, ist zielgerecht in die 'Variationen' eingebracht worden, um dann den Rahmen durch einen weiteren Blick in die Garderobe zu vervollständigen. Der dort zu sehende, im Schrank verschwindende Otto soll den Eindruck einer vollendeten Umarmung seines Publikums hervorrufen, erschöpft, aber befriedigt – scheinbar nebensächliche Signale, die die Erwartungshaltung des Publikums mit dem krönenden Schlusspunkt versehen.

Die 'Variationen' nehmen nicht nur den Nihilismus der Unterhaltungsindustrie aufs Korn, sie gehen auch über in Zugaben, die die Spontaneität und Unersättlichkeit der geweckten Bedürfnisse scheinbar bestätigen: Zum Abschluss geht es darum, das Publikum seine Macht und Wichtigkeit spüren zu lassen. Der Schein der Improvisation hatte schon dazu herhalten können, Namen ins Publikum zu rufen, ganz individuell, und auf die zufälligen Reaktionen dann zielsicher einzugehen, trotz der fiktiven Namen. Nun soll das Publikum die Puppe tanzen lassen dürfen, die Zugabe hat die Echtheit zu verbürgen. Zwar wird für jeden, der während einer Live-Show in die Lage kam, in den Programmzettel der Mixer zu spicken, ein gewisses Staunen anzunehmen sein, wie genau nicht nur die Abfolge, sondern auch schon die einzelnen Zugaben vorausgeplant sind, und trotzdem wird er sich beim Herausklatschen der Zugaben in der Regel nicht zurückgehalten haben.

Was im Fernsehen dann der aufgeblendete und wieder heraus geschwenkte Schlussspot zu veranschaulichen hat, unterstreicht im lebensechten Dabeisein eben die erschöpft bis schwachsinnige Zitatparole: "Ein-hab-ich-noch". Zu den verschiedenen Variationen kommt immer noch eine dazu, und der Schweiß sprühende und erschöpfte Star, der einmal sogar Gefahr läuft, mit dem Kabel seiner E-Gitarre einen Hocker umzuwerfen, spielt auch hier die Ausgeliefertheit an den Konsum nicht nur vor, sondern auch mit. Streicheleinheiten für ein Publikum, das schon deswegen die extrem entgegengesetzten Tendenzen der 'Variationen' genießen darf – die Analyse der Tendenzen dieser Schlagerpersiflage kann an anderer Stelle nachgelesen werden.

Denn im Abschiedssong auf der Melodie von Cat Stevens 'Lady d'Arbanville': "denn Otti muss nach Haus' ... denn ich muss jetzt in die Heia". Die ganze geköderte Infantilität wird hier auf den Star zurückgezogen, noch dazu mit einem anheimelnd privaten Unterton, während gleichzeitig der melodramatische Schlagerkontext in Säuglingsgeschrei übersetzt wird: so, als tue der Abschied körperlich weh. Was die Trennung überzeichnet, ist eine letzte Mobilisierung, gegen den Kater und auch gegen den dem Vertrag zugrunde liegenden Ernst, und wenn es dann im Text heißt: "ihr wart wirklich groß", handelt es sich um eine unrealistische, aber zukunftsweisende Streicheleinheit für den Heimweg. Für den Fernsehzuschauer wird das noch unterstrichen durch den abschließenden Blick in die Garderobe. Der erschöpft und gleichzeitig glückliche Gesichtsausdruck dieses Stars kann im positiven wie im negativen Sinne manche Übereinstimmung absegnen.

VII SHOWANALYSE: Der Körper als Rest

Bei der Betrachtung der Mobilisierungen zeigte sich, dass die seit einigen Jahren durch die Medien geisternde, seit dem Tango-Run dingfest gemachte Wiederkehr des Körpers auf Latenzen im Publikum stoßen kann, die von der ständigen Werbungsschulung für alle Arten Ersatzproduktion einzusetzen sind. Und da wird auch schon deutlich, was im Phänomen Otto die Sexualisierung des Kommunikationsschemas ausmachte: Die latenten Bedürfnisse werden nicht etwa der Befriedigung zugeführt, sondern sie stehen in einer Köderfunktion und werden für all das eingesetzt, was ihrer Befriedigung schon grundsätzlich widerspricht.

Die so hochgejubelte Wiederkehr des Körpers ist gar nichts Neues, sie beginnt schon bei den Frühromantikern, um bis in unser Jahrhundert die verschiedensten neuen Kunstrichtungen und Jugendbewegungen zu durchziehen. War das bürgerliche neunzehnte Jahrhundert eines der Wechselspiele bürgerlicher Revolutionen und Reaktionsbildungen, konsolidierender Verzichterklärungen, so stand es gleichzeitig dem Körper schon so fremd gegenüber, wie noch in keiner Zeit zuvor. Damit sind nicht die von Foucault aufgezeigten Geilheitsdressuren zu unendlich vermittelten Ersatzproduktionen gemeint, hier interessiert nur, dass das raffinierte Spiel der Repräsentation den Zugang zur Präsenz den Körpers immer mehr erschwerte. Nicht umsonst wurde die Revolution des weiblichen Körpers – nichts anderes ist der hysterische Anfall am unpassenden gesellschaftlichen Ort das neue Rätsel der Begierde, das erste Hintertürchen zu dem Bereich, der durch das rationalistische und instrumentale Denken immer weiter ausgegrenzt worden war, zum Geburtsort der Freudschen Konzeption des Unbewussten: die vergessene Wahrheit des Körpers. Nicht umsonst werden in diesem Jahrhundert in der Kunst Bereiche des Abseitigen, Nebensächlichen und Verbotenen neu aufbereitet, werden die körperlichen Wahrnehmungen und auch Verstümmelungen des Körpers in spiritualisierter und konventionalisierter Form wieder dem Denken und Erfahren zugeführt – die Kunst als Nische –, um dann in unserem Jahrhundert zum einen in die ausgeklügelsten künstlerischen Darstellungsformen einzugehen, zum zweiten entsublimiert zu werden und zum dritten und wichtigsten, in den Dienst von Werbung und Unterhaltung gestellt zu werden.

Die Manipulation dieses Potentials ist viel wichtiger geworden als seine Freisetzung. Nichts wichtigeres als der Körper, aber das hat längst nichts mit den körperlichen Bedürfnissen zu tun, sondern geht auf die neue Form, in der Sublimierung und Entsublimierung so hinterhältig gemischt sind, dass tanzende Sehnsüchte und konditionierte Spiele mit dem Triebverzicht zustande kommen müssen. Sloterdijk hat gezeigt, wie zwar in der Weimarer Zeit, später dann noch einmal im Gefolge der Studentenbewegung Ansätze artikuliert werden, der Wahrheit des Körpers den erträumten Raum aufzutun, aber er hat bei seinen Zynismusanalysen auch vorgeführt, warum auf der Ebene des Traums und der Wünsche eine immer neue Rückbindung an die Verdrängung des realen Körpers stattfinden musste.

Die Wünsche artikulieren sich im Rahmen des vorgegebenen Konsumhorizonts. M. Foucault hat in 'Sexualität und Wahrheit' ausgeführt, wie die Freude an der Sexualität immer wieder neu dem Geschwätz und Gewirbel um die Sexualität weichen muss, eine Argumentationskette, die bis zu Freuds Beobachtung zurückreicht, dass die Sexualität eine absterbende Funktion sei. Der Blick auf die Sexualität steht nur stellvertretend für den auf die Körpererfahrung, tatsächlich hat der genummerte Mensch, trotz der Priorität der Sexualität gegenüber dem sonstigen Sozialisationsgeschehen, zum Körper nur noch den Zugang über die unendlichen Repräsentationen der zum Selbstbetrug verführenden Massenkultur. Jogging, Massage oder Aerobic taugen da nur zur Bestätigung, es geht nicht um den Körper, sondern um Fitness für den Arbeitsalltag, der verschleierte Beschiss ist schon daran deutlich, dass die Kreativität der Uniformgestaltung und die Imagepflege des Konsumenten vorwiegen, Gesundheitsreligionen, die mit der Freude am Körper gar nichts mehr zu tun haben, nur noch mit den alltäglichen Masochismen.

N. Elias hat recht anschaulich nachvollziehbar gemacht, wie im 'Prozess der Zivilisation' eine Modellierung des menschlichen Verhaltens stattgefunden hat, bei der die anfänglich noch recht undifferenzierten Äußerungen der Affekte immer weiter zurückgedrängt und als gebremste Affekte voneinander getrennt worden sind. Das geschah durch die operationelle Einführung von Vermittlungsgliedern und Zwischeninstanzen, die das körperliche Bedürfnis von seiner schlichten Äußerung entfernt haben. Elias zeigt das konkret an den Tischsitten, den Umgangsformen, den Sprachgebräuchen und den Moden; zur Dämpfung und Modellierung der Affekte sind Umwege geschaffen worden, die zwischen dem Bedürfnis und seiner Befriedigung einen zunehmenden und immer abstrakter vermittelten Abstand aufreißen. Dieser Abstand wird immer mehr als Qualität für sich beansprucht, als Signum dessen, was menschliche Gemeinschaft auszuprägen gestattet.

Eine gewisse Gegenbewegung zum Prozess der Zivilisation hat sich in der Kunst entwickelt, im 19. Jahrhundert ist sie schon so ausgeprägt, dass Zivilisation und Kultur in ein komplementäres Verhältnis treten. Sie sind nicht voneinander zu trennen, aber während beim einen die instrumentellen Zwischenglieder entscheidend sind, geht beim anderen der Blick aufs Ganze, auf eine Wirklichkeit, die weiterreicht. Die Kunst wird zum Refugium des Verdrängten, in dem die ästhetische Entschärfung gleichzeitig entwirklichend und aufbewahrend wirkt, das Bedürfnis nach Ganzheit, Überblick oder Glück und die Rückbindung an die Erfahrung des Körpers durften hier unterkriechen.

Im 20. Jahrhundert wird diese Gegenbewegung in die alltägliche Wirklichkeit zurückgespiegelt, wobei es immer ein höchst fragliches Unternehmen abgeben musste, wenn die Entsublimierung nicht etwa zur Befreiung und zu vergessenen Wahrheiten zurückzuführen hatte, sondern nur am Bedürfnis des Verdrängten annutzte, um es in funktionsfähigere Mobilisierungen des falschen Bewusstseins umzuleiten. Die Untersuchungen im Rahmen der frühen Frankfurter Schule umkreisen als erste die Fraglichkeit und Verlogenheit dieser Mischung aus Entsublimierung und Triebverzicht, in der jüngsten Vergangenheit sind Theweleit und Sloterdijk eben auf diese Problematik in aller Ausführlichkeit eingegangen.

In einer Welt der Phrasen, der geschickt eingeredeten Ersatzbefriedigung, des schnellen und diffusen Wechsels der Identifikationsmuster und den damit verbundenen Schwierigkeiten, überhaupt noch zwischen wahrem und falschem Bewusstsein zu unterscheiden, scheint der Körper noch die letzte Anknüpfung an jene Wahrheit zu liefern, die das Unbehagen in der Kultur erklären könnte.

Aber wo findet das statt? wo ist überhaupt bis zum echten kulturellen Umweg dieser Wahrheit zu kommen? wenn vor lauter Beruhigungsmitteln und verkürzenden Ersatzbefriedigung der Körper auch schon wieder zum besten Köder der Manipulation werden kann.

Das Refugium dieser Wahrheit findet sich in gewissen Restbeständen der Avantgarde-Bewegung, die heute schon häufiger in der Wissenschaft als in der Kunst die Entwicklung vorantreiben, z. B. in Artauds Theater der Grausamkeit, in Lacans relecture Freuds und dem daraus gewachsenen Antiödipus von Deleuze und Guattari, in Foucaulds Archäologie oder in Derridas Randgängen – die Hieroglyphen des Körpers scheinen die letzte Ansatzstelle zu sein, der galoppierenden Entfremdung des Menschen im Zeitalter der Funktionalisierung nicht nur eine kritische Gegenbewegung aufzubereiten, sondern auch, um über diese Entfremdung hinauszukommen. Antipsychiatrie oder Antipädagogik haben Richtlinien und praktische Umsetzungen erarbeitet, wie den Gefahren der Überangepasstheit begegnet werden kann. Und weil diese Einsichten längst nicht bis zu den, noch mitten im 19. Jahrhundert angesiedelten Bedürfnissen der Konsumenten von Waren- und Unterhaltungsästhetik diffundiert sind, ist innerhalb dieses Bereichs das Phänomen Otto von besonderer Bedeutung: Nicht nur die kulturellen Umwege, auch die entsublimierten Ersatzproduktionen werden hier in den Rahmen der Kritik zurückgeholt.

Nach den unendlichen vermittelten Verhaltensmodellierungen des Prozesses der Zivilisation steht der Körper heute wieder im Zentrum des Interesses. Er ist als neue Manipulationsgewalt nicht etwa die strahlende Verkörperung einer vergöttlichten Gestalt, sondern er wird als verkrüppelter Rest erfahren. Da setzt das Phänomen Otto ein. Gegen die scheinhafte Stilisierung, wie sie für Werbung und Unterhaltung als Mittel zum Zweck taugen muss, wird der Körper hier in seiner Zurechtgestutztheit, als Anhängsel der Maschine, ob Fließband oder Bildschirm, vorgeführt. Dagegen erscheint dann das ganze mediengerechte Theater um den Körper als falsches Bewusstsein, als neue und immer durchgreifendere Ideologie, die in der durchschnittlich betrogenen Ausprägung auf Gesundheit oder Fitnesstraining aufgeht und die einen kleinen Schritt weiter zur Pornographie führt, die ein dem Konformismus dienendes schlechtes Gewissen bedingt.

Sloterdijk ist dahingehend Recht zu geben, dass das ganze Theater von Pornographie oder Sexwelle nur längst bekannte und gesellschaftlich abgearbeitete Hemmungen abruft und bewusst zurückgebliebenes Bewusstsein produziert, indem sie Tabus-als-ob augenzwinkernd zitiert, um sie mit falscher Aufklärungsgeste zu durchbrechen: die zum Konsum stimulierende, raffiniert durchdachte Verblödung. Seiner Ablehnung des Sexualzynismus müssen aber einige Modifizierungen abgewonnen werden. Ein Ansatz dazu kann das Ottospiel mit den lustigen Ferkeleien sein, sie mobilisieren nicht nur die Ausgeliefertheit, den Wiederholungszwang des Immergleichen der Verklemmung, sie demaskieren damit auch schon die Hohlheit der in dieser Nische aufbereiteten Ersatzbefriedigung. Das schlechte Gewissen ist immer ein Werkzeug der Anpassung, und der Gang in eines der üblichen Wichsfigurenkabinette scheint oft weniger durch die wie auch immer geartete Befriedigung des Triebs bestimmt als durch die gesellschaftlich geforderte Prägung des schlechten Gewissens. Der Reiz der Schwelle und des Betretens, wie die Umsicht bei der Rückkehr auf die Straße, scheinen in vielen Fällen wichtiger als die tatsächliche Wahrheit, die es bei den modernisierten Mysterienspielen auf Video oder auf der Drehscheibe zu sehen gibt.

Eben diese Wahrheit könnte zeigen, wie wenig es um ein geregeltes Verhältnis der Geschlechter oder um den lustbetonten Zugang zum Körper geht, sondern dass das scharfmachende Spiel mit Anwesenheit und Abwesenheit nichts anderes zeigt als die Wirkungsmechanismen der Werbe- und Unterhaltungsindustrie. Die Darstellung von aufgestachelter symbolisierter Geilheit und ihres Komplementes, des partiellen Triebverzichts, macht nicht nur zugänglich, wie wenig die bloße Sexualbetätigung mit erfüllender Befriedigung gleichgesetzt werden kann, sie zeigt auch, dass das Leistungsprinzip des Arbeitslebens bis in die Geschlechtssphäre vorgedrungen ist. Die schwere Arbeit desinteressierten Fleisches, bei der schließlich dumme Sprüche und vorgespielte Ekstase, kitschige Parolen und leere Werbegesichter darüber hinwegtäuschen müssen, dass keine der erst aus der Erfahrung der Frustration bedingten Versprechungen der sexualisierten Werbe- und Unterhaltungswelt einlösen kann, was dem sozialisierten Körper endgültig verloren gegangen ist. Die Wahrheit der Pornos tritt an der ihnen notwendig verbundenen Lan-

geweile zutage, und es ist gleichzeitig die Wahrheit aller Geilheitsdressuren: Beschiss und schlechtes Gewissen.

Für das Phänomen Otto interessiert der Körper nur noch als sozialer
Rest – die bisher referierten Fragestellungen werden in vielfältigen
symbolischen Vermittlungen aufbereitet, wobei es um keine Wild-
heitsqualitäten des Körpers mehr gehen kann. Sondern um die kritische Durchdringung der Zwischenglieder und Ersatzproduktionen,
vom Punk bis zur Peepshow und dazwischen die größere Zahl der
noch viel konformer dressierten Erwartungen. Der auf die verschiedensten Stillstellungen und Sitzgelegenheiten, ob am Fließband
oder hinterm Schreibtisch, abgerichtete Körper, dem schon das Fitnesstraining Befreiung versprechen kann, bekommt hier im schnellen Wechsel der Masken das Gegenbild der Agilität aufbereitet. In
symbolisch vermittelter Form darf er miterleben, was ihm dank der
unzähligen Kastrationen längst abgewöhnt worden ist, wenn an alles
erinnert wird, was in die Unerlaubtheit absacken musste. Und das
geschieht, wenn die Köder gleichzeitig ernst genommen und in ihrer
aufgeblasenen Hohlheit zum Zerplatzen gebracht werden.

Hier deutet sich eine verborgene Erklärung der häufigen Kastrati-
onsdarstellungen an. Die Kastration liefert außer dem übertreibenden Identifikationsangebot auch die Gegenbewegung zur voran-
schreitenden Sexualisierung der Alltagswirklichkeit durch Mode,
Werbung und Unterhaltung. Wenn Werbung und Starkult Potenz-
riesen aufbauen, die Mode Erotisierungsdressuren bewirkt oder bewirken soll und in der Medienwelt die Sexualität zu einem der
Hauptthemen geworden ist, in immer entsublimierterer Form, so
droht dem konformen und seinen durchschnittlichen Prägungen ge-
horchenden Menschen ein sexy herausgeputztes Leistungsprinzip
mit neuen Frustrationen: bei der Übermacht der Angebote und der
nachahmenswerten Vorbilder zu versagen. Ottos Darstellungen der
Kastration lassen sich nicht nur aus der die Restbestände des Kritikvermögens der Konsumenten bestechenden Zukurzgekommenheit
erklären, sie sind auch gegen Ohnmacht und Schwäche gerichtet
und befördern die Erleichterung, Versagensängste ablachen und
ausleben zu können.

Für die modisch ausgerichtete Erwartungshaltung und die zugrunde
liegende Bewusstseinsstruktur geht es nicht mehr um eine adäquate

Regelung des Verhältnisses der Geschlechter. Wer sich von der gleichzeitigen Potenz, Jugendlichkeit, Reife und Offenheit der Reklamehelden manipuliert und in neue Regionen des Leistungsprinzips hineingepeitscht fühlt, wird den trendgerechten Ersatzbefriedigungen nachlaufen und gleichzeitig von jenem Unbehagen geplagt werden, für das die im folgenden zu betrachtenden Körperdarstellungen Beispiele der Entlastung abgeben können.

Als Folie der Darstellung ist der durchschnittliche Lebensalltag vorauszusetzen. Zugrunde liegen die verschiedensten Sozialisationsformen, die den Körper als Mittel zum Zweck, als funktionalisierten Arbeits- und Konsummechanismus modellieren, wobei die frühkindliche Reinlichkeits- und Ordnungsdressur den Grundstock des späteren Mittelwesens des Körpers aufbereitet. Das Phänomen Otto kann als Hinweis dafür taugen, in welchem schnellen Wandel sich die heutige Ausrichtung der Darstellungsformen des Körpers befindet, und außerdem dazu, die zeitgeschichtliche Relativität auf ihren recht wenig wandlungsfähigen Untergrund zurückzuführen. Schon in der Garderobe wird ein wesentliches Verhältnis zum Körper heute abgerufen und gezeigt, dass seine Deformationen zur überspitzten Darstellung herhalten müssen, um den üblichen Konsens der Ausgeliefertheit und Entfremdung aufzubereiten. Die dort hergestellte Vertragssituation ist am Körper festgemacht, mit dem Blick auf den neben dem Gagfeuerwerk ablaufenden Wechsel der Masken und die in der jeweiligen Maske ausgeprägte Fixierung von Körpermodellierungen ist nun noch einmal. der Ausgeliefertheit: 'Hilfe, Otto kommt' nachzugehen.

Die Freude an der Beweglichkeit, an der noch einzig möglichen Souveränität eines Ich, das sich seiner Freiheit im schnellen Wechsel der Masken versichern kann, führt in die Show hinein. Schon die Rollschuhe symbolisieren die Beweglichkeit, im Laufe der Show wird sie mit anderen Mitteln immer weiter umgesetzt. Zum einen ist damit eine Teeny-Mode zitiert, die durch die Verwunderungs- und Bestätigungslaute noch unterstrichen wird, zum anderen zeigt dieser Modegag auch nur wieder, wie die Konventionen in immer neuer Verkleidung nachwachsen –so sind die unkonventionalisierten Ausrufe auch nur Show. Die Schwierigkeit, mit den Rollschuhen auf die Bühne zu kommen, die Erniedrigung, zeigt klar genug, wie schnell das modische Mittel der Beschleunigung wieder zum Klotz am Bein werden muss.

Auf der Bühne werden noch ein paar Rollschuhrunden gedreht. Für die Sauberkeitsdressur der bürgerlichen Kleinfamilie ist der Gag ausgeprägt – eine Verarschung späterer Ballettszenen –, mit dem Hintern zum Publikum, in der Haltung, die das französische Stehklo erfordert, Halbkreise zu fahren und zu singen: "Wo I' geh' und roll', hab' I' die Hos'n voll". Nicht zu vergessen ist der spätere Hinweis, dass die Hose einen vakuumversiegelten Laderaum habe, ein Spiel mit der ästhetischen Grenze. In der Ottoshow wird zwar das gefährliche Potential unterdrückter Triebe zur Sprache gebracht, das Quengeln der vergessenen oder mit Strafe belegten Äußerungen des Körpers, aber es sind auch schon die Haltestricke, die Sicherungen mit geliefert, die den ästhetischen Rahmen gewährleisten. Welche Bedeutung der ästhetische Rahmen und die durch ihn geschaffene Aufhebung wie Entwirklichung haben muss, ist schon an der gestaffelten Spiegelung der durchbrochenen Illusion deutlich geworden. Der Vertrag wird sogar körperhaft umgesetzt, während die Mühe vorgeführt wird, die nötig ist, die Grenzlinie zwischen Publikum und Show zu überwinden. Die Intensität des ästhetischen Rahmens steht in direkter Beziehung zu den Anpassungsleistungen, die hier ihr erleichterndes Ventil gefunden haben. Die für den Augenblick im Lachen der Menge entfesselte Kritikfähigkeit und Agilität ist damit entschärft genug, um sie dann durch die Zurücklenkung auf die komische Figur konsumierbar zu machen. Es ist immer ein Bild für Götter, zu sehen, wer da im Publikum sitzt: Das Phänomen Otto zündet die Spannung in einer Masse von Angepassten.

Turnschuhe, ein weiteres Emblem der Beweglichkeit, besonders wenn an die Bedürfnisse zu erinnern ist, die mit der Kennzeichnung Turnschuhgeneration abgerufen werden können, weil sich dahinter neue Konformismen verbergen. In der Garderobe war mitzubekommen, dass die Turnschuhe nicht vergessen werden sollten, dann konnte nie der Zuschauer erst einmal vergessen. Jetzt tauchen sie wieder auf, einer wird aus der Brusttasche der Jacke, einer aus der Gesäßtasche der Hose hervorgezaubert.

In den verschiedensten Zusammenhängen hat Benjamin auf das Bedürfnis hingewiesen, das durch die Ausgeliefertheit des Menschen gegenüber der zivilisatorisch gewordenen zweiten Natur auf den Körper zurückführt. Das ist nicht nur durch den absichernden Rückgriff auf frühere Kommunikationsformen zu begründen. An der Zeichentrickfigur Micky-Maus zeigt Benjamin, wie in der objektiven Phantasie der Figuren des Kollektivtraums illusionäre Zauberpraktiken aktualisiert werden. Im Zeichentrick wird der Körper zu einer Supermaschine, durch spontane und erfindungsreichste Neubildungen jedem technischen Gerät überlegen. Die Zauberpraktiken des Schamanen erwachen in witzigen Symbolspielen zu neuem Leben – nichts anderes liegt der Freude an den herbei gezauberten Turnschuhen zugrunde.

Für die Allgegenwart der Werbe- und Unterhaltungsästhetik ist der Körper immer nur Mittel zum Zweck, niemals aber die Wahrheit der Bedürfnisse. Beide entgegengesetzten Tendenzen sind in diese Turnschuhe eingegangen. Sie zitieren in erster Linie das falsche Bewusstsein der zur Mode gewordenen Progressivität, aber durch die Art ihrer Einführung zeigen sie auf einer tieferen Ebene die Durchbrechung der vorgeschriebenen Verblödungsstandards. Sie taugen zur Komik und haben von nun an nur noch die Funktion, mit Füßen getreten zu werden und der flinken Fortbewegung zu dienen. Sie repräsentieren eine den Anforderungen des Arbeitsalltags und den Fitnessriten gleichermaßen ausgelieferte Angepasstheit. Diese führt zum Unterschnallen symbolischer Siebenmeilenstiefel, um mit einer hektischen Betriebsamkeit vergessen zu machen, dass es ab dem erwünschten Grad der geistigen Immobilität in keiner Richtung mehr weitergeht: Es bleibt, auf der Stelle zu treten.

Diese sinnleere Hektik ist oft genug zitiert und an die Konvention gebunden, während die geistesgegenwärtige Beweglichkeit des Körpers durch den schnellen Wechsel der Masken zugänglich wird. Weitergeführt wird dies durch den Verstoß gegen die üblichen Benimmregeln; die Normierung der Körperhaltungen und die Deformation der Äußerungen des Körpers sind in derart überspitzter Form vorgeführt und zu artistischen Exotismen umgebildet worden, dass diese Infragestellung jeglicher Konvention befreiendes Lachen auslösen muss.

Gewürzt wird das mit kleinen Einlagen, die ganz klar erkennbar werden lassen, auf welchem energetischen Potential die Durchbrechung der Norm aufbaut. Es geht um alles, was an Körpererfahrung während der Sozialisation tabuisiert worden ist, was bei der Modellierung auf der Stecke blieb und nun der fortwährenden Verknechtung durch Benimmregeln ausgesetzt ist. Solche Einlagen sind die vollgeschissene Hose; das Spiel, in der Nase zu bohren, um ein abwehrendes Gefühl auszudrücken und dann im Affekt so zu tun, als gelte es, Popel ins Publikum zu schleudern; die Nase in ein Tuch zu putzen, um während des Schnäuzens das Tuch mit der eleganten Bewegung des Taschenspielers wegzuziehen und scheinbar den Sabber in der Hand zu haben; die als Mikrofontest vorgenommene Brechprobe; dann das für einen Star ungewöhnliche Herumliegen auf der Bühne und angedeutete Entblößungen. Die kleinen Einlagen untermalen und pointieren die Botschaft des Komischen, der Witze und der Persiflagen: die Verweigerung der Anpassungsleistung und die Kennzeichnung der Krüppelhaftigkeit und Leere der von der Norm vorgegebenen Zwänge.

Nach dem Zeitschinden begrüßt Otto sein Publikum mit dem aalglatten Gesicht und der Ruhe suggerierenden, einstudierten Bewegung der Hände eines Berufsredners. Ein Kontrastbild, der offizielle Vertreter der Norm, der gar nicht kommunizieren darf , sondern mit den abgedroschensten Parolen dem Beruf des Politikers genügt, während die eingeübte Körpersprache Sicherheit und Vertrauen abrufen soll. Das ist eine der vielgeübten Möglichkeiten, die immer dann zu sehen ist, wenn eine verbindliche Aussage schon mehr wäre, als dem erwünschten Demokratieverständnis zugemutet werden will. Damit ist das Nullniveau vorgegeben, von dem ausgegangen wird, um für die Sprache wieder den kritischen oder affirmativen Wechselbezug zurück zu gewinnen, der ihr im Zusammenhang verwalteter Äußerungen verloren gegangen ist.

Die kritische Überzeichnung der affirmativen Sprache ist in der Aufnahme der Werbesprüche geleistet. Da wird die Verblödung so durchschlagend beschworen, dass es gar nicht mehr um die Werbung gehen kann, dass tatsächlich das hinter ihr lauernde, von ihr geköderte und an der Nase herumgeführte körperliche Bedürfnis zur Sprache kommen muss – oft im Zusammenhang der negativen und destruktiven Ersatzbildungen. Nun ist es nicht von der Hand zu weisen, dass der umfassende Werbemechanismus auch an den Körper appelliert, dass er scheinbar ernst nimmt, was sonst nur noch der

Ausgrenzung und Unterdrückung ausgesetzt ist, dass er sogar den Alltag mit utopischen Resten auspinselt, aber eben als Mittel zum Zweck, als Stimulation des Käufers, sich statt der versprochenen Körpererfahrung mit irgendeinem Ersatz zu versorgen, der eben den Verzicht schon besiegelt. Auch bei Otto sind diese beiden Tendenzen aufzuzeigen, aber mit der entgegengesetzten Gewichtung.

Der Körper und seine Deformationen, was wäre näher an der schnellen Befriedigung und weiter vom Glück entfernt, was ist gleichzeitig durch die mobilisierte Einsicht die Vereinigung beider, als schnelle oder dauerhafte Suspendierung von der Ausgeliefertheit an die Not einer Gegenwart. Die Ottoshow zieht ihre Wirkung aus diesem Wechselverhältnis, in den feinsten Details, in Mimik und Gestik arbeitet sie mit einer in die Praxis zurückverlegten Ausdruckstheorie. Die Funktion des Körpers ist der Angelpunkt, um den sich vieles dreht.

Als Einstimmung auf die Werbespots dient die Darstellung des am Markenzeichen anklingenden Wechselverhältnisses zwischen der Selbstgefälligkeit des Stars und den Eitelkeiten des Normalverbrauchers. Otto in der Stadt und einer ruft: da ist Otto, und alle schauen sich um, und er wird unheimlich verlegen sagt dann, dass er vielleicht doch nicht hätte rufen sollen. Am Geräuschpegel des Gelächters ist abzulesen, wie genau die Selbsteinschätzung dieses Publikums getroffen ist. Wenn das Spiegelbild den letzten Rest der Selbstgefälligkeit ausmacht und schon oft genug durch Versagen und Enttäuschungen widerlegt worden ist, so will dieses Bedürfnis der Selbstbestätigung in seiner recht verwickelten Form auf jenen realistischen Boden zurückfinden, der einem Star wie Otto schließlich eingeräumt wird. Wichtig und hervorzuheben ist bei dieser Szene die Bewegung der Hände, der Gesichtsausdruck, die Kopfhaltung. In verliebter Selbstgefälligkeit werden die Haare zurückgestrichen, das Gesicht gewinnt die Konturen eines Heldenbildnisses. Der moderne Narziss fällt nicht mehr vor lauter Spiegelliebe in einen Tümpel, sondern er therapiert sich vor dem Spiegel, um täglich neu im Sumpf der Anpassung zu versacken. Hier wird der gezeigt, der kein Star ist, der gerne in diesem Sumpf rufen würde: Schaut mal, da ist .... aber den Ruf würde keiner verstehen. Und das endlose Warten darauf, irgendeiner könnte die verborgene Traumgröße erkennen und dem Erfolg zuführen, ist längst umgeleitet worden auf die Repräsentation dieses Wunsches durch die Stars. Jeder muss sich vermarkten und die Stars sind Stellvertreter. Als die Fraglichkeit des Rufs angesprochen wird, schwenkt die Darstellung von der selbstgefälligen Pose des Spiegelerlebnis um in das nervöse Gefingere des Unsicheren, Gehemmten und macht damit deutlich, was Wunsch und was Frustration in der alltäglichen Situation eines Fans ausmachen. Die Selbstgefälligkeit ist zurückgeschraubt auf das einsame Spiegelerlebnis, während die im nervösen Fummeln und im Zerfallen der Heldenphysiognomie erscheinende Frustration auf das Realitätsprinzip der Anpassung verweist.

Was gibt es Schöneres, als der Anpassung und den sie erhaltenden Ersatzbefriedigungen einen solchen Schlag zu versetzen? Aber es geht um mehr, vorgeführt wird schließlich, dass es der alltägliche Verzicht der Fans ist, der die Potenzierung des Stars ermöglicht, und dass erst über diesen Umweg – die Aktualisierung der von A. Jolles in 'Einfache Formen' dargestellten Geistesbeschäftigung der imitatio – der Verzicht zum Teil aufgehoben wird.

Die Leute lachen, weil sie sich gar nicht getroffen fühlen müssen, eine Täuschung des Blicks, die zu sehen gibt, wie wenig das taugt, was man doch zu bewundern gelernt hat. Die Verarschung der durchschnittlichen Starfunktion hat sich über die Infragestellung des Fans und Konsumenten geschoben, im Phänomen Otto sind beide zusammengefasst, denn hier ist der Blick in den Spiegel – moderner: in die Videokamera – nötig, um weitere Grimassen einzuüben.

Das Wechselspiel aus Selbstgefälligkeit und Frustration, Einbildung und Zerknirschung bereitet die Werbeszene mit ihren demaskierten Wunschbildern vor. Der Körper als Rest erscheint hier in ganz ausgeprägten Bestätigungsfeldern. Das beginnt mit der Hosenkaufszene, die den Problemkomplex Körper und Werbung an den völlig entleerten Begriff des Vertrauens bindet, um dann zu zeigen, dass der ideale Konsument auch schon beim Hosenkauf auf Vertrauen angewiesen ist. Die angepriesenen Vorzüge der Hose kommen in der Neusprache des aufgeblasenen, wohltönenden Werbejargons daher, hinter dem sich die durchschnittlichen Funktionen einer Hose verbergen: Hosenträger, Bund, Taschen und Hosenbeine. Die Komik dieses Jargons wird vielleicht unterstrichen durch das als Unterarmzusatzfach bezeichnete Loch einer Tasche oder durch den

Hinweis auf den vakuumversiegelten Laderaum. Viel wichtiger scheint, welche Figur hier mit dem perfekten Körperpanzer wirbt, welche Identifikationsangebote zitiert werden, wenn die vorgeführte Schwäche, in der der Star der Gefahr ausgesetzt ist, vom eigenen Hosenträger umgeworfen zu werden, mit der Anpreisung der an eine Apparatur erinnernden Vorzüge, der eingebauten Sonderausstattung, beruhigt werden soll.

Das Spiel mit dem Markenzeichen ist hier eingebaut, es leitet in Verbindung mit den Hosenfunktionen, die zum Großteil auf Löcher verweisen, zum Umschwenken über auf den Otto, der sich in spannungstreibenden Entkleidungssprüchen als nackt vorstellt. Die Erwartung, er entdecke in aller Öffentlichkeit, dass er nichts anhabe, wird lange gefördert, um sie über die Länge des Spannungsbogens hin zum Krampf zu stauen und dann mit dem sichtbar gespielt erleichterten Hinweis zu entladen, dass ihm das in der Badewanne passiert sei. Von der Irrealität der beklemmenden Situation, die manches peinliche Gefühl aus Traumerlebnissen heraufbeschwört, ist es nur ein kleiner Schritt zu der lustvollen Vorstellung, Otto nackt in der Badewanne zu beobachten.

Das spannungsreiche Pendeln zwischen Beklemmung und Lust lässt sich auf eine allgemeinere Vorstellungsebene zurückverfolgen – die Bedingungen des Konsums einer Show sind auf die der Sozialisation zu beziehen. Der Reiz, den der Körper heute in allen Medien auszuüben hat, steht im ergänzenden Gegensatz zu den Sozialisationsbestrebungen, ihn wegzuleugnen und nur noch in ansprechender Verpackung zu gestatten, er passt auch zu der Abstempelung der verschiedensten Körperproduktionen als Schmutz. Die ursprüngliche Freude an allen körperlichen Äußerungsformen kann im gesellschaftlichen Untergrund oder im Traum noch nachwirken, sie lässt sich auch zur Freude an artistischen Leistungen umwerten. Auch das wird im Phänomen Otto mobilisiert, spielerische Körperdressur kann, wenn sie den Rahmen des Spiels voll ausschöpft, das Moment der Dressur vergessen machen. Einer bricht sich dann einen ab, und zwar in einer Form, die schon die Bejahung des Körpers jenseits der Darstellung vorauszusetzen scheint, und der Rest klatscht, festgeschraubt in den Stuhlreihen, eingesunken in den Fernsehsessel, geht begeistert mit, mit einem Minimum an Bewegung.

Das Wechselspiel der genussvollen Repräsentation der Nacktheit mit der erziehungsbedingten Tabugrenze, die tatsächlich zu dem Alptraum führen kann, irgendwo aufzutauchen und die eigene Nacktheit zu entdecken, um dann unter Schweißausbrüchen aufzuwachen, kann als Hinweis und Einstimmung auf die folgenden Umkrempelungen der Werbemechanismen verstanden werden. Wir werden Teilnehmer an der Darstellung körperlicher Deformationen und der dagegen von der Werbung angepriesenen kleinen Heilmittel. Aber es geht nicht um die Heilung oder Befriedigung, die der Werbung abgelauschten Möglichkeiten sind immer an den Durchblick auf die dahinter liegende Deformation oder Perversion gebunden.

Harmlos geht es mit der Pickelreklame weiter. Hieß es während der ersten Fernsehshow einmal: "Auch das ungeschminkte Gesicht kann schön sein", so wird hier auf die Bedeutung der absolut gesetzten Schönheitsmittel eingegangen. Pickel oder Nicht-Pickel ist zu einer Existenzfrage der Heranwachsenden geworden. Um was muss es dem Nachwuchs gehen, wenn das glattgeleckte Mediengesicht Erfolg signalisiert und jeder Mitesser auf der eigenen Nase als Beeinträchtigung erscheinen muss, gerade weil doch überall zu sehen und zu lernen ist, dass Show und Schale den Menschen machen. Der Werbespruch verheißt die Befreiung von den kleinen Pickeln, Otto erweitert das Sprachspiel, statt großer Probleme mit kleinen Pickeln verspricht er kleine Probleme mit großen Pickeln und führt sie durch angeklatschte halbe Gummibälle vor. Komik, die an der Körpergrenze, an der Haut ansetzt, die nicht nur die Hohlheit der Versprechungen überzeichnet. Der große Pickel scheint auch ex negativo die Kastration zu beschwören, schließlich treten Pickel und Pubertät zur gleichen Zeit auf. Das zeigt die Bedingung, die eingehalten werden muss, wenn jemand in den Rahmen des anerkannten Prestigedenkens aufgenommen werden will. Nur eine Umschreibung der längst gängigen Einsicht, dass das Heilmittel für das Leiden der Zivilisation, der schmale Bonus für das Einverständnis in die Kastration, nicht nur tröstende und ersatzbefriedigende Funktionen haben muss, sondern auch noch voll an der Fortsetzung der Verstümmelung menschlicher Möglichkeiten beteiligt ist. Das setzt sich in der Verarschung der Schmerzmittelreklame fort.

Aber zuvor ist noch die Überleitung zwischen den einzelnen Werbespots zu betrachten. Otto pfeift sich eins, bewegt sich kurz wie ein Vortänzer, spielerische Beweglichkeit und äußerste Agilität, die ungeheuer leicht und nebenbei gemacht scheint, nur eine Sekunde von Dauer. Vielleicht ist dieser gelungene Bewegungsablauf – kein Gezappel und kein Break-dance – der notwendige Gegensatz zu den versteinerten Werbegesichtern. Eine Aufspaltung, die den vom Werbefernsehen vorgegebenen Rahmen durch die deutliche Abhebung sprengt. Während Lebendigkeit und Echtheit längst von der Werbung vereinnahmt worden sind, um das Opfer der Medusa dieses Mal als gebannten Konsumenten erstarren zu lassen – die wildesten Triebe werden schließlich geködert –, hat Otto eine strikte Trennung vorgenommen, die zu einer ursprünglichen Kommunikationssituation zurückführt. Er zeigt im Zwischenpfeifen, mehr und echter als die Zwischenspots im Fernsehen, die eine unbeschwerte Beweglichkeit und führt im Werbespot das borniere und debilisierte Objekt vor, den verdinglichten Menschen.

Durch diese Spaltung kann manches deutlich werden, was die Show betrifft: könnte manches deutlich werden, wenn nicht soviel gelacht würde. Aber es handelt sich schließlich um deutschen Humor – hinter den besten Witzen versteckt sich der bitterste Ernst –, und der Deutsche ist ja längst nicht mehr auf dem humoristischen Auge blind, was E. Kästner in der 'Chinesischen Mauer' noch Grund zum Klagen gab, weil er die zwölf Jahre Reichsschrifttumskammer nicht vergessen konnte. Die Unterhaltungsästhetik hat es immerhin soweit gebracht, dass das humoristische Auge gelegentlich für ein paar Stunden weit aufgerissen werden darf, nachdem festgestellt worden ist, dass das zum Besten taugt. Wenn dem Körper nichts mehr bleibt als der Ernst des Lebens und das andere Auge, das vielleicht den Horizont des Gelächters auf Alternativen absuchen müsste, längst vor lauter Blinzeln zugeschwollen ist.

Nun endlich der nächste Werbespot! Man muss schon Masochist sein, um die ständigen Bonbons unserer hoch entwickelten, auf das Glück der Menschen abgestellten Kultur auch wirklich genießen zu können – zumindest, wenn man die Werbung ernst nimmt. Otto wirbt für Schmerzmittel, eine mediengerechte Umfrage führt vor, wie das heute läuft, und thematisiert tatsächlich mythische Angst. Es geht viel weniger um die Erleichterung für den Alltag, es geht eher darum, wie die Leute mit einem verwalteten Alltag zurechtkommen müssen, welche Ängste sie haben, aber kein Ziel, um die Angst zur Furcht zu entschärfen. Es langt nicht zur Zielvorstellung, weil in der wunderbaren Zufriedenstellung der Werbeästhetik nichts bleibt, um die Angst in Furcht zu kanalisieren, nur noch der blinde Bedarf in einer übermächtigen Welt. Und kein Wunder, dafür gibt es die Chemie – eine Andeutung des lebensbedrohenden Potentials, über das später der Doktor Dreist die reaktionärsten Sprüche von sich geben darf. Sogar das Stichwort Masochismus fällt, es ist ja alles so klar. Die vorgestellten Interviewpartner dürfen von der idealen Schmerztablette schwärmen oder vom Zäpfchen von der Art der Signalkegel aus dem Straßenbau. Das klingt nicht mehr nach Werbesprüchen, sondern nach der durch Opfer und Selbstqual zu besänftigenden mythischen Angst: Das Koordinationsmodell des Mythos ist der Körper.

Es ist längst bekannt und von der jüngsten 'Pillenliste' nur noch einmal unterstrichen worden, dass die pharmazeutische Industrie nicht nur eine Unmasse von wirkungslosen oder sogar schädlichen Produkten mit den nötigen Versprechungen an den Mann bringt. Das Bedürfnis für manches Mittel mag erst künstlich geweckt werden, möglich ist das aber nur, weil dahinter andere, reale Bedürfnisse aktiviert werden. Das Feld liegt vor, es muss nur bestellt werden. Es gibt im kommunikativ eingeschränkten und zweckorientierten Alltag genügend Anlässe, durch Rückzugsbewegungen in die Krankheit dem Unbehagen an diesem Alltag einen Ausdruck zu verschaffen. Da darf dann auf Zuwendungsformen zurückgegriffen werden, auf die sonst verzichtet werden muss. Sei es der Arzt, der fürs Zuhören bezahlt wird, seien es die Verwandten und Bekannten, denen der Krankheitsfall Interesse entlocken soll, die Krankheit vertritt das legitime Bedürfnis, in den menschlichen Regungen Gehör zu finden. Und so nah das oft an nötigende Taktiken heranreicht, so sehr muss es durch den Ernst der Krankheit legitimiert werden.

Dahinter verstecken sich dann in vielen Fällen selbstbestrafende Tendenzen, die manches mit dem mythischen Opfer gemein haben, die Beschwörung übermächtiger Gewalten und die Umleitung der Angst auf einen Ritus der Bestrafung oder Zerstörung. Oft ist der wiederholte Griff zum Heilmittel, bei Überdosierung oder gefährlicher Kombination verschiedenster Präparate, der Auslöser wirklich schwerer Schädigungen. Die Zielgruppe des Krankheitssignalements mag daran beteiligt sein, keiner sieht, dass es um eine Kommunikationsstörung geht, und alles bleibt an der Chemie hängen. Selbst die Ärzte haben daran Teil, längst reicht ihr Überblick nicht mehr aus, Angebot und Nachfrage der verschiedensten Präparate abwägen zu können – die Welt der Parolen ist auch da eingedrungen, es gibt viele Warenzeichen für das annähernd gleiche chemische Präparat –, sie sind durch den notgedrungenen mangelnden Überblick auf die Informationen der Pharmaindustrie angewiesen. Mit dem Erfolg, dass das Resultat an den gefährlichen Zirkelschluss des Säufers erinnert, wie er in St. Exupérys 'kleinem Prinzen' beschrieben worden ist: Er trinkt, weil es ihm schlecht geht, und es geht ihm schlecht, weil er trinkt! Mag ursprünglich ein bedrückender Alltag der Auslöser für die chemische Krücke sein, so landet das gar zu gern in einem kreisläufigen Selbstzerstörungsprozess.

Das scheint auf den ersten Blick wenig mit Ottos überzogener Darstellung der Konsumentenbefragung zu tun haben, aber es wird daran nur das spiegelbildliche Wirkungsgeschehen abgerufen, sonst wäre es nicht lustig. Die Schmerzmittelreklame hat zur fingierten Wahrheitsfindung eine Interviewsituation aufgebaut, in der die Leute schwärmen, wie gut die Tablette wirkt, wie sicher sie wirkt, wie wenig Nebenwirkungen zu erwarten sind. Das wird von Typen dargestellt, die Glaubwürdigkeit verbürgen und dabei so einsichtig und selbstbestimmt wirken, dass man sich nur fragen kann, ob eine solche Charaktermaske im Leben überhaupt auf eine Tablette angewiesen wäre. Otto dagegen stellt Typen vor, die von einer Tablette im markigen Ton der Werbehelden fordern, dass sie schmerzt und beim Schlucken weh tut, der unangenehmste Schmerz wird als Gütezeichen reklamiert.

Die Witzenergie wird fürs erste von der ironischen Kontrastbildung hervorgerufen, die aus der wortwörtlichen Umsetzung "Schmerzmittel" gebildet wird. Aber lediglich die Darstellung der masochistischen Tendenzen durch die ihnen entgegengesetzten Typen kann nicht den Grund des gewaltigen Gelächters ausmachen. Dahinter steckt wieder einmal mehr, nämlich die Fraglichkeit der Disposition, die von den von der Pharmaindustrie ausgebeuteten Lebensängsten auf die masochistischen Bedürfnisse zurückführt. Die vorgeführten Typen zeichnen sich durch verkrüppelt verkrampfte Körperhaltungen aus, sie zeigen eine Mimik, die von der Hysterie bis zum Terror reicht. Auswirkungen einer Überangepasstheit, die dazu führt, aus der Lebensunfähigkeit abfließende mythische Angst im Schmerz, in der Qual und im narzisstischen Protz objektivieren und abbinden zu müssen. Ein wirklich witziges Potential, das hier von der Komik abgerufen werden kann, Nietzsches Kritik an der Sklavenmoral christlicher Ethik taucht bei Otto auf der Ebene der Ersatzreligion Konsum wieder auf.

Die nächste Situation ist vergleichsweise harmlos, ob Pickel oder fettiges Haar, im Ansatz ist der gleiche in den Werbesprüchen vorliegende Fundus gegeben, der das Paradies durch Schönheit versprechen soll. Nur wird mit dem Wortlaut: " Fettig Haar ist dir gegeben, lass es kleben ... " ein anderer Akzent gesetzt. Das verweist auf die Bejahung der "naturhaften" Körperäußerungen, gerade weil es durch die spröde Wolke um Ottos Kopf widerlegt zu werden scheint – vielleicht klingt da noch manches vom "long beautiful hair" der ersten Beatoper mit. Die Komik lebt aus der Gegenbewegung zu den Zaubersprüchen, die dem Konsumenten eingeben, dass er umso schöner und erfolgreicher sein wird, umso mehr Plastik und Chemie er sich zufügt. Aber dahinter wird die Einsicht in die zerstörende Funktion künstlicher Paradiese angesprochen: "An mein Haar kommt nur Wasser und Quark". Was trifft das mehr als den ganzen täglich zu ertragenden Quark. Das folgende Spiel mit der Schönheit dieses quarkverseuchten Haars führt schließlich nur vor, wie lächerlich der haarsträubende Versuch ausgehen muss, die alltäglichen Probleme der Angepasstheit, den Umgang mit viel zuviel Plastik, noch durch Plastik lösen zu wollen, auch wenn es das Naturettikett Wasser aufgeklebt bekommen hat.

Wobei wir schon bei den progressiv, dynamisch unsachlichen Versprechungen im Stil von Reinhard Mey Songtexten sind, die ein Versicherungskonzern zu Werbespots ausbauen durfte, um dem schon angegrauten Spruch: "Traue keinem über dreißig" die nötigen Mobilisierungen abzugewinnen, um eben den Twens die Notwendigkeit der Versicherungsabschlüsse als progressive Entscheidung unterzujubeln. Jugend ist nicht nur Trumpf, oder nur so lange, wie sie von Progressivopas vorgeführt werden kann, sie ist heute zur Pflicht geworden, wenn es darum geht, die Einwilligung in jegliche

Manipulation auch noch gut zu heißen: An der Jugend ist die Unmündigkeit besonders interessant.

Progressiv ist schließlich das Bedürfnis an der Versicherung nicht zu nennen. Also muss es die Show, die Aufmachung sein, die den Schein der Progressivität zu verbreiten hat. Viele sichern sich ab und achten darauf, dass im Normalfall sowenig wie möglich geschieht, so bleibt außer für die Finanzierung von Versicherungspalästen noch genügend für den Bedarfsfall, wenn tatsächlich etwas passiert. Für den konservativen Theoretiker mag die Institution Versicherung zu den größten Erfindungen der Menschheit gerechnet werden, in unserem Zusammenhang ist es von entscheidender Bedeutung, dass die Versicherung als Repräsentation der Institution des ersparten Lebens betrachtet werden kann. An diesem Punkt setzt der schöne Schein der progressiven Attribute an, es wird mit Ängsten geködert, um gleichzeitig den idyllischen Rahmen der Institution als Freiheitsspielraum aufzubereiten.

Das Phänomen Otto setzt am selben Punkt an, um auf diese Ängste zurückzukommen. Nicht etwa, dass die Schwierigkeiten herausgestellt würden, die damit verbunden sein können, eine Versicherung zum Zahlen zu bewegen, sondern hier werden die von der Originalwerbung angesprochenen, damit zugleich mobilisierten und scheinbar hinweg getrösteten Lebensängste in einer Direktheit festgehalten, in der sie sich sonst gar nicht mehr äußern dürfen. Der Verein heißt "Arroganzversicherung", und es geht um Genickbrechen, Strick und Selbstmord, schließlich um das, was der institutionalisierte Lebensalltag, dem das Leben in die Sensation geflüchtet ist, als Drohungen des Nichts und der Unfähigkeit noch in petto hält. Arroganzversicherung klingt nicht nur an den Namen eines Konzerns an, es zielt auch auf die Unerreichbarkeit der Institution für menschliches Leid. Die Werbung um Versicherungsabschlüsse lebt von imaginären Gefahren, und der klotzige Glas- und Betonpalast repräsentiert eine Trutzburg. Eine verdinglichte Macht steht über all dem, was passieren kann – und zur Kasse gebeten wird schließlich der ausgeliferte Mensch, mag die Not den Konzern umbranden, Wellenbrecher wird er nur im Interesse des Marktes, der Versicherungsabschlüsse.

Damit genug von der Werbung und den von ihr vorausgesetzten menschlichen Deformationen; ein kleiner Schritt weiter führt zur Meinungsumfrage. Wieder, wie in den gerade besprochenen Szenen ist der Körper das Medium, sowohl der Darstellung als auch der dahinter zum Vorschein kommenden Verkrüppelung. Und wenn die Befragungsgruppe aufgrund der richtigen Kriterien ausgewählt worden ist, braucht sich das Ergebnis weder vom Werbespruch noch von seiner Demaskierung unterscheiden. Die Nachbarin des deutschen Ekels Alfred wurde bei anderen Gelegenheiten zur Verkörperung der verdummenden Fragespiele von Quizsendungen eingesetzt, auch die nicht minder geisttötende Gütebefragung der Waschmittelreklame ist in diese Figur eingegangen.

Nun soll sie sich darüber äußern, ob irgendwelche Folgeschäden aufgetreten sind, nachdem sie seit acht Jahren an der Autobahn wohnt. Und natürlich muss das Interesse des Fragestellers an der Zufriedenheit des Normalverbrauchers nicht suggeriert werden – es handelt sich schließlich in solchen Fällen nicht darum, eine authentische Lebenshaltung zu Wort kommen zu lassen. Es wird vorgeführt, dass den ständigen Hetzkampagnen in Sachen unmenschlicher Industrielandschaft mit dem entscheidenden Veto der Stimme des Volkes energisch zu widersprechen ist. Und diese Energie bekommen wir lebensecht vorgespielt: "Nein! Nein! Nein!" Mit jedem der panisch verkrampften Entsetzensschreie ist der Kopf einer Schleuderbewegung von links nach rechts ausgesetzt. Die Schreie beschwören den Lärm vorüber donnernder Motorenungeheuer, sie gehen fast in ihn über, wenn die Ausgeliefertheit gegenüber der schnellen Folge durch die Kopfbewegung auf ein beschränktes und gebanntes Gesichtsfeld zurück verweist.

Das Phänomen des Fensterguckers hat für den angepassten Alltag, in dem es am kreativen Vermögen und an tatsächlichen Interessen mangelt, immer wieder neue Betätigungsfelder für Schnüffelwesen, Tratsch und Verfolgungswahn geliefert; selbst das Fernsehen, auch so ein Fenster zur Welt, lebt von diesem falschen Bedürfnis an Überblick und Ordnung. Und nun als Kontrast zur Gemächlichkeit des Fensterguckers die panische Frau Suhrbier, sie liefert ein weiteres Beispiel für die Kommunikationsstörung, auf die viele Ottoszenen fundiert sind. Das Bedürfnis nach Überblick und Ordnung wird hier in einem Zusammenhang gezeigt, der das Schlagwort von der

Schnelllebigkeit aufnimmt, um vorzuführen, dass sie mittlerweile eine Geschwindigkeit erlangt hat, die dem Verarbeiten der aufgenommenen Eindrücke gar keine Zeit mehr lässt. Der Kopf, Zentrum der Datenverarbeitung, wird von den durch die Sinne einstürmenden Signalen nur noch hin und her geworfen. Umwerfend ist der Gesichtsausdruck des lärmgeschädigten Interviewobjekts, ein unmenschlicher Automat steuert die Mimik. Der alltägliche Irrsinn, zu dem als Korrektiv dann plötzlich die Wirkungsqualität des Phänomens Otto veranschaulicht werden darf. Gerade noch völlig weggetreten, hält Otto dann die Hände hinter die Ohren, um vorzuführen, dass der Applaus auch genossen werden will, der Jubel führt zur Verwandlung: ein verschmitztes Gesicht.

Soweit eine Interviewsituation, die gleichzeitig auch eine Publikumsbefragung ist und die vorführt, dass Statistiken und den ihnen zugrunde liegenden Befragungen nur dann Glauben geschenkt werden darf, wenn man sie selbst gefälscht hat bzw. wenn man weiß, was man von den Befragten hören will.

Der Problemkomplex Kommunikationsstörung ist schon anhand der Dirigentenszene angesprochen worden: Gegen den entfesselten Körper der Musik stand die scheiternde Unterweisungssituation in Sachen Kommunikation. Die Verleugnung der negativen Erfahrungsqualitäten war an den Verlust der Individualität gebunden worden, gerade weil das vorgeführte Übermaß pseudoindividueller Bedürfnisse frustriert werden durfte.

Die Ballettszene schließt sich folgerichtig an, ein logischer Schluss könnte so aufgebaut sein. Als ginge es darum, die philosophischen Desiderate nach einer Wahrheit des Körpers, einer Logik des Herzens, aufzunehmen. Der Verdruss am genormten Zeichensystem und seiner Pervertierung in der Barbarei des 20. Jahrhunderts ist aufzufangen, durch den Blick auf den mimetischen Gehalt des Sprachsystems, durch die Erinnerung an die gemeinsame Wurzel von Sprache und Tanz. Aber der Tanz ist immer auch eine Repräsentation der Verzweigungen der Macht, innerhalb, unterhalb und über den alltäglichen Formen der Anpassung. Hatten gerade noch Gestik und Mimik die kommunikativen Bedürfnisse unterstreichen sollen, so wird nun und im Rahmen der mitlaufenden, verkappten Verzichtleistungen ganz auf die Ebene der Körpersprache rekurriert.

Was da allerdings zustande kommt, ist eine noch stärkere Ausformung der Unfähigkeit, aus den verlogen gewordenen, überkommenen kulturellen Ansprüchen herauszufinden – Adorno/Horkheimers Kritik an der Kulturindustrie ist hier umgesetzt. Gleichzeitig stellt aber die Komik eine Möglichkeit zur Verfügung, auf die in jenen Ansprüchen ausgeformten Gehalte des Sinns verzichten zu können.

Das Spiel mit dem Sinn ist ein Doppeltes; Sublimierung und Entsublimierung sind in rivalisierenden Verkörperungen aufgegangen, wobei die sprachgewandte, rhetorisch geschulte Körpersprache durch ein stammelndes Gegenbild als leer und nichts sagend demaskiert werden kann. Der in der Körpersprache des Balletts noch zu verbürgende Sinn wird als das vorgeführt, was gerade die Bankrotterklärung der Kommunikationsfähigkeit ausmacht: Anpassung und Verklemmung. Schönheit und Grazie stehen damit im Gefolge sinnentleerter Werbesprüche. Das Gegenbild lebt aus dem Wechselverhältnis von Verklemmung und barbarischem Trampelwesen, um für einen Augenblick die freie Beweglichkeit unkonventionalisierter Körpersprache erahnen zu lassen. Das tatsächliche Verflüssigungspotential ergibt sich erst durch dieses Spiel der Gegenbilder, es findet sich nicht in den Bildern, sie geben nur den Anlass, auf ihre Beziehung zu sehen. Die Wahrheit des Körpers wird durch diese Beziehung angedeutet, sie zeigt sich im Medium der Verkennung: aneinander vorbei zu laufen; sie wird deutlich an der verfehlten Begegnung. Hieß es früher einmal: "Sie konnten zusammen nicht kommen, denn er kam immer zu früh", so ist das hier verallgemeinert worden. Vorgeführt wird, dass weder die sublimierte Hochkultur noch die entsublimierte Ersatzproduktion zu dem hinführen, was erst ein geregeltes Verhältnis der Geschlechter bedingen könnte.

Die erst aus der geschichtsphilosophischen Perspektive deutlich werdende Ironie dieser Szene – es geht um das Komische, wie es erst aus der philosophisch fundierten Überwindung sozialisationsbedingter Deformationen zünden kann – ist darin zu sehen, dass ein klassisches Ballett den Vorwurf abgibt. Die im späten 20. Jahrhundert drängend gewordene Frage nach der Wahrheit des Körpers und nach der darin fundamentierten Absicherung von Kommunikationsweisen wird umgefüllt in eine auf die repräsentative Öffentlichkeit verweisende Ballettszene. Auch hier kann wieder ein Seitenblick auf den von Habermas dargestellten Strukturwandel der Öffentlichkeit ganz nützlich sein. Hatte die bürgerliche Öffentlichkeit die Repräsentationsöffentlichkeit des Adels abgelöst, so ist mit deren Scheitern und Abebben, mit der Dialektik bürgerlicher Aufklärung, die wuchernde Repräsentation in den Massenmedien zu einem gewaltig neuen Leben auferstanden. Das muss nicht bewusst in die Erarbeitung der Ottoshow eingegangen sein, es zeigt aber, wenn es schon darin ist und folgerichtig erscheint, wie nah das Phänomen Otto zur Aufarbeitung und rationalen Durchdringung der Lebensbedingungen dieser Zeit an manche wissenschaftliche Einsicht heranzuführen ist.

Auf den ersten Blick passen weder der Männerchor noch die zartrosa Ballerina in das gewohnte Repertoire, wenn überhaupt, dann müsste Otto sie schon selbst verkörpern, was besonders bei dem Chor mit erheblichen Vermehrungsschwierigkeiten verbunden wäre. Sie vermitteln erst einmal den Eindruck der in Unterhaltungssendungen abgerutschten Bildungsbürgerrequisiten. Erst wie Otto sich diese Requisiten anverwandelt, lässt sie zu einem originären Bestandteil seiner Show werden. Der Hokuspokus des Stardirigenten gerät unversehens zur Darstellung der sich verlierenden, im Lärmrausch mancher Popkonzerte noch nachlebenden Gewalt des Ritus, und damit zum Defizit der Moderne an Körpererfahrung. Ein Manko, das in den verschiedensten Zusammenhängen als der Grund gekennzeichnet wurde, in dem die zeitgebundenen Therapien des Schlafschutzes wurzeln. Gleichzeitig ist mit der Konzentration auf die körperliche Überzeichnung, mit der Darstellung eines ekstatischen Körpers, eine Leerstelle angedeutet oder versprochen, die heute prächtig vom Tango-Run ausgefüllt werden kann, ohne dass dieser sie tatsächlich zu erfüllen vermag: wieder einmal Selbsterfahrungsfeste der Bekleidungsindustrie.

Die Karamalzverarschung führt auf die Thematisierung jener körperlichen Restbestände, die nicht mehr als Verzichterklärungen sind, solange sie gerade bis zu den Augen reichen, wenn sie die Schaulust des Publikums befriedigen. Mit der Ballettszene soll genauso wenig eine Wahrheit des Körpers konsumierbar werden. Eher wird vorgeführt, dass es sich um einen Ort der falschen Versprechungen handeln muss, wenn verkappte, sich selbst nicht einmal bewusst werden dürfende pornographische Neugier diesen Ort mitgeprägt hat. Und trotzdem wird jene Wahrheit zugänglich, obwohl

Manipulationsriten und Kulturindustrie davon leben, sie zu verstellen und andere zu verheißen – sie wird hier zugänglich durch die Verweigerung und Durchbrechung der uneingelösten Versprechungen. Direkt am Zwerchfell und unter Umgehung kultureller Umwege wird deutlich, was es damit auf mich haben könnte. Frigide Eitelkeit und verklemmte Geilheit werden abgerufen, um aus den feinen Zwischentönen Vergewaltigungslüste zu umspielen, während oberflächlich gesehen nur die Freude am Ballett lächerlich gemacht wird.

Eine rosa Flaumfeder schwebt und gleitet durch Rossiniklänge, überzüchtete Körperartistik gekennzeichnet durch die blasiertesten Ausdrucksformen. Das verkappte und in der Anpassung gezüchtete wie tabuisierte Bedürfnis an der Pornographie bekommt hier gerade so viel zu naschen, wie notwendig ist, um den Reiz des Körpers mit seinen Posen und Verspreizungen genießbar zu machen, ohne bis in die Region des schlechten Gewissens und der ihm entsprechenden Bildwirklichkeit vorzudringen. Soweit die Ballettszene – ein Requisit, das spezifische Konsumentenerwartungen zitiert, die unter dem Schleier der kulturellen Draperie nicht mehr zu ihrer ursprünglichen Bedürfnisinstanz zurückblicken dürfen. Dass es sie gibt, dass das Interesse an Showtanz, Eiskunstlauf und Fernsehballett auf abgeklemmter, sich nicht mehr wissender Augenlust beruht, muss nicht erst durch psychoanalytische Abschweifungen begründet werden, sie werden im Phänomen Otto schon vorgeführt.

Das zeigt nicht nur die angedeutete Befingerungsgeilheit oder das Zuhalten der Augen, als Otto vor der sich präsentierenden rosa Geschlechtslosigkeit niederkniet – eine vorwegnehmende Andeutung der späteren Aufklärungsszene, bei der es um die Funktion des männlichen Knies geht. Das wird besonders deutlich an der für die Ballettszene ausgewählten Musik, es ist zu hören bei Rossiniklängen, zu denen die Maske des ungehobelten Flegels einfach dazu gehören muss. Die Kubrick-Verfilmung von A. Burgess' Roman 'Clockwork Orange' muss damit zitiert worden sein. Unter solchen Klängen, einmal sogar im Zusammenhang mit dem Mord an einer Ballettlehrerin, fanden in diesem gelegentlich recht komischen Film die Vergewaltigungen statt. Das Beziehungsverhältnis von höchster Sublimierung, die schon als Verdrängung funktionieren kann, und niederster, weil dem Partnerverhältnis nicht mehr angemessener, gewalttätiger Äußerung des Triebs mag in der Musik nur mitklingen, in den Kontrastdarstellungen zweier entgegengesetzt ausgebildeter Körperpräsentationen wird es aber aufgenommen und weiter ausgespielt.

Den entkörperlichten, standardisierten geometrischen Bewegungen setzt Otto erst die plumpe, der Materialität verhaftete Kopie entgegen, den Bewegungen der Flaumfeder folgt im übersteigernden Kontrast die Grazie des Zirkuselefanten: Der Bimbo ist sein Wappentier. Dann und zwischendurch zeigt auch er eine schwer einzuholende artistische Dressurform, seine Alternative zum Spitzentanz ist das Zeichentricktrippeln. Kleine, blitzschnelle Schrittchen, die aus einer ganz runden Bewegung der Beine hervorgehen, einer aufgezogenen Maschine gleich, und doch kann damit die Illusion hervorgerufen werden, auch er berühre den Boden nicht mehr und habe auf eine angemessenere Art und Weise diese notwendige Verhaftetheit überwunden. Der Kontrast zum Ballett wirkt nicht nur ungemein komisch, gezeigt wird, dass die Kritik an der Kulturindustrie zu legitimieren ist durch Leistungen und dass sie nicht auf den neidischen Blick zurückgeführt werden kann. Die Zeichentrickartistik kann verdeutlichen, dass zwei einander völlig fremde Formen der Körperdarstellung aufeinander treffen, ohne dass der urwüchsigeren Form das Recht auf Wahrheit, nur gestützt auf das Argument Neid und Zurückgebliebenheit, abgesprochen werden darf. Hier ist ein Patt zwischen den beiden Äußerungsformen angedeutet, tatsächlich sind, blickt man auf die Kritik am Sozialisationsgeschehen als Anpassung, beide relativ falsch, und erst der Grad der Unbeschwertheit liefert den Maßstab der an den Körper zurückgebundenen Wahrheit.

Diese Unentschiedenheit taugt nur dazu, beiden Formen den Abgang zu bereiten. Die Szene läuft zwar noch eine Weile weiter bis zur verfehlten Begegnung, aber sie hat ihren krönenden Höhepunkt erreicht, nachdem Otto zu den passenden Klängen auf einem imaginären Gummiball in die Ballettszene hoppelt und hüpft. Das ist die alte Freude des Kindes, die urwüchsige Begeisterung durch die unmodellierte Äußerung, die Utopie des unverstümmelten Körpers. Was gar zu leicht als vollendeter Blödsinn abgestempelt werden könnte, führt schließlich den wirklichen Ort einer Wahrheit des Körpers vor, die noch ungeformte Lebendigkeit. Und da diese nur gedacht werden kann, aber nirgends aufzufinden sein wird, unterliegen all jene Wahrheiten, die die Zeitströmung als solche ausgeben möchte, der begründeten Kritik, dass sie nur mit dem Körper als Rest manipulieren.

Die Möglichkeit der urwüchsigen Lebendigkeit leitet folgerichtig zur 'Sendung für das aufgeweckte Kind' über. In dieser Szene wird am klarsten und in einer ungeheuren Intensität vorgeführt, welche destruktiven Tendenzen aus der als Anpassung funktionierenden Sozialisation hervorgehen können. Das zitierte Vorbild ist die Kindersendung, in der die "lieben Kleinen" dazu angeleitet werden sollen, sowohl still und brav zu nein, als auch, die nötigen Motivationen aufzunehmen, um trotz der Stillstellung von der gegenläufigen Tendenz noch so viel übrig zu behalten, dass Lernvermögen und spätere Schulungsfähigkeit im erwünschten Maß erhalten bleiben. Die bannende Kraft des Fensters zur Welt, der Reiz des Fernsehens, mag zum Gelingen solch schizoider Sozialisationsgegebenheiten beitragen. Die Darstellung im Phänomen Otto dreht das Verhältnis aus Stillstellung und Lehrauftrag um. Die von den Märchentanten und -onkels vollzogene Sozialisationstechnik verliert in der Komik der Nachahmung den harmlosen Schein und gezeigt wird, was sich dahinter verbirgt: welche Zerstörungskraft aus der Einschränkung der wachen Intelligenz des Kindes hervorgehen kann. Da steht gegen den Wust aus Konventionen und alltäglicher Anpassung die Einsicht, dass trotz einem Jahr des Kindes und der allerliebsten Parolen: ich mag Kinder, Du auch? die Kindheit in unserer Welt nicht nur bedroht ist, sondern dass sie gegenüber der Normierung auch immer eine Gefahr darstellt. Besonders, wenn es die in manchen Lebensumständen des Erwachsenen durchbrechende verdrängte Kindheit ist, die dann auf einmal zum Amoklauf führt, "ich hatte mir noch soviel vorgenommen."

Otto steuert unter kindischem Gehopse, begleitet von den Klängen einer infantilen Kindersendungsmelodie und auf einem imaginären Kindertrecker – "dann bist' ja ganz allein. Was machst' denn den ganzen Tag? Trecker fahr'n" – auf die Bühne und in die Szene ein. Das Geräusch von Hubschrauberrotoren wird simuliert, während er am Mikrofon vorbeikommt und später den vollendeten Blödsinn in die spiralfedernde Rotorbewegung des Bommels auf seiner Nachtmütze zaubert: "Hallo, liebe Kinder ... " Das Publikum grölt, erst zerfahren und ohne durchhaltenden Ton, dann beim zweiten Versuch markig oder hysterisch, schön gemischt. Und Otto weicht beide Mal entsetzt zurück, ein völlig verstörter Gesichtsausdruck unterstreicht, was er da tatsächlich abgerufen hat. Vordergründig mag das, der Lacherfolg zeigt es, mit der Wirkung des Gegröles zu motivieren sein, tatsächlich aber stellt diese Reaktion nur vorweggenommen dar, welche Alpträume von Eltern im Folgenden umgesetzt werden und aus welcher kaputten Angepasstheit die Freude daran resultieren muss.

Von den Ängsten überbesorgter Eltern ist es nur ein kleiner Schritt zur im Publikum zu mobilisierenden Freude an der Grausamkeit der folgenden Phantasien. Das Bindeglied ist in Ottos alternativer Märchentunte gegeben, verkrampft, hysterisch überzogen und auf die verlogenste Art infantil – eine ebenso grauenhafte Figur wie der Dr. Dreist: Personifikationen der Überangepasstheit. Es ist längst bekannt, dass Spieltrieb und Explorationsverhalten, gerade wenn sie von der oft aus Angst und Ablehnung herkommenden Überbesorgtheit beschnitten oder stillgestellt werden, zu destruktiven Verhaltensweisen führen können.

Und die Märchentanten und -onkels haben Anteil an dem Erziehungsauftrag, die noch wenig kanalisierten Energien einzuschränken und umzuleiten auf Zielvorstellungen, die dem nachgemachten Leben der künftigen Jahre die richtigen Ersatzbefriedigungen vorgeben. Otto spielt ein Kontrastprogramm vor, das wahrer ist und die Verstümmelung kindlicher Erlebnisweisen sofort umsetzt in die Grausamkeit der Phantasien, die aus solcher Verstümmelung erwachsen können.

Wie es für diese Zusammenhänge schon typisch genannt werden könnte, wird zur weiteren Einstimmung des Publikums an Sexualisierungen angeknüpft. Nach der vorausgegangenen Ballettszene hatte Otto sein Hemd in die Hose gesteckt und die gespielte Verwirrung und Hektik dazu verwendet, scheinbar gegen seinen Willen, kleinere Entblößungen anzudeuten. Die dadurch ausgelöste Begeisterung war mit der diesem Publikum wirklich angemessenen Beschimpfung: "Schamloses Gesindel, Sexbestien!" quittiert worden. Ein gelegentlicher Blick ins Publikum ist uns schon durch die Kameraführung abgenommen worden, ein integrierter Bestandteil des

Phänomens Otto – welche Gesichter nach dem ähnlich ausgerichteten Supermannspot eingeblendet werden, spricht für sich.

Dass ein übers FKK-Gelände fliegender Supermann einen Ständer durch die Lüfte balanciert, dargestellt durch Fingerfertigkeit, verknüpft die Ballettsexualisierung mit den Größenphantasien der im Erwachsenen noch immer eingesperrten Kinder. Es führt auf die Aktualität der folgenden Phantasien, die an dem in der Verstümmelung der kindlichen Erlebnisweisen sich bildenden Potential anknüpfen, um gleichzeitig jenes seltsame Leben vorzuführen, das es in den Ersatzgebilden und Wahnwelten der faschistoiden Erwachsenenpsyche zu entwickeln beginnt. Theweleit hat in der Einleitung seiner 'Männerphantasien' darauf hingewiesen, dass die Krankheitsbilder mancher schwer gestörten Kinder – die Krankheit, die das System der Behinderungen zum Ausdruck bringt, das das Leben für diese Kinder darstellt – eine Menge mit der fragmentierten Selbsterfahrung des erwachsenen Faschisten zu tun haben, die er aus den Lebenserzählungen "soldatischer Männer" zusammengesetzt hat. Was passte besser hierher als die Männerphantasie Supermann: der gepanzerte, unüberwindbare und mit einem kriegstechnologischen Körper ausgestattete Übermensch. Die dem Markenzeichen Otto korrelierende therapeutische Nische ermöglicht ungefährlichere Abfuhrreaktionen der faschistischen Störungen, die treffenderweise aus dem Mangel des Kindes an Vertrauen und Selbstentfaltung hervorgehen. Dementsprechend muss der hier vorgeführte Supermann wichtigeres als Krieg und Kampf mit seinen Fähigkeiten im Sinn haben.

Damit haben wir den direkten Zugang zur Kindersendung für das um 23.30 Uhr aufgeweckte Kind. Die Mehrdeutigkeit führt vom geweckten Kind zur Schädigung der wachen Intelligenz des Kindes. An den verschiedenen Orten der Sozialisation ist die spontane und experimentierfreudige Intelligenz nur der Auslöser für Beeinträchtigungen, während die kastrierte und stillgestellte Anpassung gefördert wird. Aufgewecktheit ist viel zu häufig ein Grund für Strafen, als dass sie sich dann nicht auch in Äußerungen gefallen wollte, die erst recht die Strafe provozieren. Deshalb führt die Märchentunte vor, dass Pappis Stereoboxen zu Hamsterkäfigen umfunktioniert werden können, während dem Hamster im Mikrowellengrill das Rauchen beigebracht werden soll. Oder es geht darum, die Schildkröte der kleinen Schwester zu erschrecken und wenn sie sich eingezogen hat, die Löcher mit Tesafilm zuzukleben – auf der Platte kommt noch dazu, dass das Brüderchen mit einer elektrischen Gitarre in die Badewanne zu setzen ist. Deutlich wird, dass sich die familiären Konfliktzonen sogar auf die unschuldigsten Liebes- und Streichelobjekte erstrecken, wenn es um den Krampf des Kindes in einer Welt geht, in der die Programmierbarkeit eines Computers mehr Entzücken hervorrufen muss als die spontane und für alles offene, noch relativ unkanalisierte Lernfähigkeit eines Kindes. Die destruktiven und sadistischen Tendenzen werden auch akustisch eingeholt, der Stimmumfang der Märchentunte untermalt sie und setzt die Negativität am Zwerchfell und an der Muskelspannung des Konsumenten frei. Ein weiterer Gag nimmt die Fraglichkeit der Sozialisierungsinstanz Kleinfamilie auf, ganz im Sinne des alten Sprichworts: Kindermund spricht Wahrheit. Die Mutter hat sechs Kinder, zwei vom ersten, zwei vom zweiten Mann und zwei ohne fremde Hilfe – dazu passt noch der Zusatz von der Platte, ein Hund, der keine Beine hat und keinen Namen, weil er so oder so nicht kommt, wenn man ihn ruft. Die zur Anfälligkeit für den Faschismus dazu gehörende fundamentale Ausgeliefertheit wurde hier abgerufen. Der bewegungsunfähige Körper, der Mangel an Internalisierungsangeboten für die Über-Ichinstanz und die Kommunikationsunfähigkeit sind in einem höchst konzentrierten Elaborat zusammengefasst worden.

Was soll man dann zu den gewaltigen Lacherfolgen sagen, außer dass sie auf ein Ventil angewiesen sind, das in den Saturnalien und später im Karneval ausgeprägt worden ist. Es handelt sich um die bitterste Negativität, um den Ort, an dem sich diese Negativität einmal äußern darf, weil es nur ums Lachen geht. Aber was ist das für eine Wahrheit, die dieser Kindermund in die Welt plärrt, als würde er bluten, als ginge es noch um viel mehr, als ginge es tatsächlich ums Leben? Und was so verkrampft dargestellt und so kaputt gesäuselt bis geschrien wird, ist dann gar nicht mehr die Rolle und die Stimme des Kindes, sondern es ist der demaskierte Auftrag dessen, der seine Kastration zum Weltgesetz erheben musste und der nun im durchschnittlichen Unterhaltungsgefälle artikuliert, was ein Gesetz ist, aber zwecks unangenehmer Allgemeingültigkeit noch nicht von der in der tagtäglichen Illusion zufrieden gestellten Allgemeinheit eingesehen werden darf. Bei Otto kann ein kleinerer

Teil der Menschheit miterleben, wie weit es mit dem Prinzip Hoffnung her ist, solange die Kinder nur die Chance haben, sich in diese Erwachsenenwelt ohne Aufmucken integrieren zu lassen. Die Demaskierung scheint an den Graffiti-Spruch: Du hast keine Chance, also nütze sie! anzuknüpfen.

Wie diese Erwachsenenwelt aussieht, zeigen die folgenden Szenen. In der Aufklärungs- wie in der Karnevalsszene wird in realistisch überzogener und schon in der Nähe der Schmerzgrenze angesiedelter Manier vorgeführt, was es mit der erworbenen Debilität – auch wenn das ein Widerspruch ist, sieht man auf die Definition im Wörterbuch – auf sich hat. Das ist die Körperdarstellung des verstümmelten, im alltäglichen Trott aus beinahe militärischen Posen hervorgehenden, verdinglichten Persönlichkeitspanzers, an dem die Fragmente und Splitter nur noch durch den Drill zusammengehalten werden. Und zurückgeführt wird es auf Sozialisationsagenten, auf den völligen Mangel an einer organisch gewachsenen, aus dem Vertrauen in Erfahrung hervorgegangenen Persönlichkeit. Ein verhärteter Sumpf aus Angst und Autoritätsgläubigkeit liefert das Medium der Darstellung, und es wird sogar gezeigt, was es mit dem Anlehnungsbedürfnis an die den Panzer garantierende Institution auf sich hat. Gerade an Beispiel des Dr. Dreist wären unzählige Seiten aus Theweleits Untersuchung zu zitieren, das würde allerdings den vorgegebenen Rahmen der Showanalyse sprengen. Nicht vergessen werden darf, dass unser Interesse nicht auf die Gags gerichtet ist, die sind hier Nebensache, viel wichtiger ist, wie diese Gags aufbereitet werden, im Blickfeld haben wir das Medium Körper und die vom Phänomen Otto umgesetzte Ausdruckstheorie. Die Hinführung auf die Störung der Körpersprache ist der entscheidende Ansatz, sei sie gezüchtet und erwünscht oder beklagt, hier äußert sie sich in ihren Deformationen und führt immer auf die allgemeine Kommunikationsbehinderung zurück.

So wundert es nicht, dass die Aufklärungsszene vor dem Dr. Dreist aufbereitet wird, dass hier im Spiel und harmlos persiflierend die Grundlage der Deformationen angesprochen wird und der Ursprung reaktionärster Bedürfnisse vorgeführt wird, um dann in der folgenden Szene das Potential präsent zu haben, aus dem scheinbar harmlose Karnevalsspäße verarscht und auf ihre reaktionäre Funktion zurückgeführt werden können. Im Karneval findet längst nicht mehr die revolutionäre Kraft ihre Nische, die sich einmal in der anlaufenden Neuzeit ausgebildet hatte. Längst ist er zur Institution geworden, die alle progressiven Ansätze in die blinde Repräsentation zurückbiegt. Längst hat die Repräsentanz den Realgehalt verloren, wenn sie nicht sogar dafür zu sorgen hat, dass er sich als Ruhigstellung von Bedürfnissen in die reaktionärste Konsumsituation einzufinden hat. Da stecken Bedürfnisse dahinter, die einmal diese kulturelle Nische geprägt haben, die sich aber in der Neuauflage gar nicht mehr äußern sollen, sie geben das Potential, aus dem Otto seine Witzenergie ableiten kann.

In diesen beiden Szenen ist noch einmal alles zusammengefasst, was das Wechselspiel aus dem Markenzeichen und dem Phänomen Otto ausmacht und was während der Jahre der Shows, Auftritte und Schallplatten das Medium abgeben konnte, in dem Witz und Komik ihre zündende Kraft zur Geltung brachten und unter der Hand die Kritik an den verschiedensten gesellschaftlichen Konfliktzonen in die Erfahrungsweise des Konsumenten zurückholten.

Oberflächlich gesehen führt die Aufklärungsszene die mühsamen Versuche vor, wie im Sexualkundeunterricht die nicht mehr abzuweisende Einsicht – als Kritik durchzieht sie unser ganzes Jahrhundert –, der nachwachsenden Generation Wissen und Freiräume zur Verfügung zu stellen, pervertiert wird. Es geht um die Schwierigkeit, Erfahrung und Toleranz zu vermitteln, gerade wenn es um die Sexualität geht, den Exponenten der Sozialisationsriten. Die Gefahr der Tabuisierung zeigt sich in den Sackgassen der Lebensangst, der Befriedigungs- oder Leistungsunfähigkeit; was aber schon nicht mehr erreicht wird, ist der Mangel an Urvertrauen, den die Erzeuger dieser Generation durch die eigenen, früher erlittenen Tabuisierungen auslösen können. Und das geht schon unter die Oberfläche, damit ist eine Kritik an der Hohlheit und Zuspätgekommenheit eines Aufklärungsunterrichts in der Schule angezielt.

Äußerst treffend wird hier die Schwierigkeit vorgeführt, dass ein Erzieher eben die befreienden, der Panik der Geschlechter und der Lebensangst entgegengesetzten Aufklärungen vermitteln soll, der selbst im entscheidenden Alter auf diese Hilfestellungen verzichten musste und in den Ritus der Verklemmung eingeführt worden ist, ohne dagegen mehr setzen zu können als den Verzicht auf eine Regel des Verhältnisses der Geschlechter. Und zugrunde liegt dem auch der völlige Mangel an einer Regel des Verhältnisses der Generationen. Der Lehrer, der der nachfolgenden Generation eigentlich die Ängste und Frustrationen ersparen sollte, nachdem so etwas wie Sexualkundeunterricht im Lehrplan Wurzeln schlagen durfte, hat in den meisten Fällen noch nebenbei an der Rechtfertigung der eigenen Störungen zu arbeiten. Als müsste die Rechtfertigung der eigenen Schwierigkeiten dadurch geleistet werden, dass an die nächste Generation eben diese Schwierigkeiten als eine Art Muss weitergegeben werden. Unter der Hand ruft diese Situation das frühe Markenzeichen Otto ab. Der Sozialisationsagent als Kastrat, und betrachtet man den von Otto dargestellten Lehrer, ist sogar anzunehmen, dass es viel zu viele Sozialisationsagenten gibt, gegenüber denen mit dieser Darstellung sogar noch Progressivität zu verbuchen ist: auf den ersten Blick.

Tatsächlich führt Otto nur das zynische Wechselverhältnis vor, die Lehrerfigur, die die genannten Spannungen scheinbar schon überwunden hat. Aber viel zu oberflächlich ist das Geschehen, der kritische Impuls geht unter in den Voraussetzungen der Werbeästhetik. Es sind lediglich die richtigen Sprüche parat, mit dem Sex umzugehen, wie es die sexualisierte Alltagsästhetik als Schulungsprogramm aufbereitet. Und dann wird im entscheidenden Moment der Durchblick freigesetzt, der diese Rolle des Aufklärers auf die Anpassungsagentur durchsichtig macht und die übelsten Verklemmungen offenbart. Besonders deutlich zeigen das die Posen dieses Lehrkörpers, der ganze institutionalisierte Apparat der Sexualaufklärung kann plötzlich nur aufgesetzt erscheinen. Die Witze und lustigen Zwischenbemerkungen unterstreichen das nur, das Zugeständnis an die herrschende Moral, die eine seltsam verzichtende Unmoral ist, wird besonders am Sichdurchwinden dieses Lehrers gezeigt.

Es geht um einen Bereich, in dem klinische Sauberkeit und Distanz schon durch die Maske und die mit ihr verbundenen Attribute vorgespielt werden müssen: Otto schlüpft in einen weißen Kittel. Und zum weißen Kittel gehört natürlich der Zeigestock, Zeichen der Autorität und Potenz des Lehrers und gleichzeitig ein Instrument, in dem Nähe und Ferne des vorzuführenden Gegenstands gekoppelt werden. Zur Gewichtigkeit einer Stunde Sexualkundeunterricht, die noch einmal wiederholt werden muss, weil der letzte Hausaufsatz so schlecht ausgefallen sein soll, passt der professorale Gestus. Der muss schließlich immer dann herhalten, wenn anstößige oder ekelerregende Themen zur Mobilisierung taugen und durch den wissenschaftlichen Anstrich die Legitimation mitgeliefert wird, um sie nicht nur zur Sprache zu bringen, sondern möglichst breit auszutappen.

Gerade weil das fauler Zauber ist, kann Otto sein Publikum damit einstimmen, er gibt die Tonart vor, nicht anders, als bei der Chorszene den Rhythmus. Er spielt mit dem gängigen Klischee, um die dahinter verborgene, werbefundierte Erwartung, herauszukitzeln, hier werde wieder einmal unter dem Deckmantel Wissenschaftlichkeit ein verkapptes Bedürfnis angekurbelt und der Ersatzbefriedigung zugänglich gemacht. Von der wissenschaftlichen Durchdringung wäre solches Vorgehen allerdings schon dadurch geschieden, weil diese ernüchtert und klarstellt und eingeklemmten Affekten nicht etwa einen Spielraum aufbereitet, sondern sie als nichtig und illusionär durchsichtig macht.

Aber es handelt sich in dieser Aufbereitung nicht nur um faulen Zauber, nur zum Teil wird das Regenbogenpresse-Bedürfnis ausgespielt und die Illusion bestätigt. Viel wichtiger ist, dass es mitsamt der pseudowissenschaftlichen Vertröstung lächerlich gemacht wird und dass die dahinter liegenden Manipulationsmechanismen bloßgelegt und auf einen gesellschaftlich begründeten Bedarf zurückgeführt werden. Was als Aufklärungsunterricht deklariert ist, verwandelt sich unter der Hand Ottos, beispielhaft wie diese Hand den Zeigestock handhabt, zur Aufklärung über die Anpassungsfunktion der marktgerecht verpackten Aufklärung. Das Spiel gerät zur Darstellung einer Sozialisationsagentur, die unter dem Anstrich der kritischen Ansprüche nichts Besseres bieten darf, als die Stillstellung des kritischen Vermögens, als die Umleitung und Verdinglichung tatsächlicher Bedürfnisse zu der angepassten Verzichtleistung am Köder von Ersatzbefriedigungen.

Der Weißkittel bedient einen Kartenständer, wie er in den üblichen Schulräumen neben der Tafel angebracht ist. Otto zieht am Bändel, der eine Abwandlung des zu besprechenden Gängelbandes sein könnte, und er entrollt, in Großvaters Unterhose und sonst so ohne, wie es Ostfrieslands Antwort auf Alice Schwarzer entsprechen muss, den Otto. Er spult ihn ab und holt ihn raus, und da hängt ein Bild, das schon als Titelbild des 'Sterns' fungieren durfte. Natürlich wird gelacht, wenn Otto da am Ständer hängt, aber was sagt das schon? Mittlerweile ist die Show schon im weit fortgeschritten, dass kleinste Auslöser und Nebensächlichkeiten ausreichen können, und das Publikum tobt; die schon mitgebrachten Erwartungen haben sich potenziert durch das bereits ausgelöste Wirkungsquantum der Entkrampfung. Nun reichen schon Tröpfchen auf den heißen Stein der Anpassung, und längst festgefressene Kalkspuren zeigen sich als ungelöscht, beginnen zu arbeiten und zu brodeln.

Es bleibt nicht bei den Tröpfchen. Otto greift das Lachen auf und integriert es in die Situation des Aufklärungsunterrichts. Die Fiktion spielt mit der Realität dieses Publikums, einer Schulklasse steht ein erboster, schlechter Lehrer gegenüber. "Wer lacht da?" Das ist ganz der Ton eines Lehrers, der nicht so recht an die eigene Autorität glauben kann und der sich während vieler Jahre angewöhnt hat, die Angst, dass seine Schüler dahinter kommen könnten, in dumm-schwätzig institutionalisierte Autorität umzuleiten. "Du schreibst bis zum nächsten Mal 30 Mal in Schönschrift: Ich will nich' über Dinge lachen, die am Ständer meines Lehrers hängen." Schulzimmerat-mosphäre und Aufklärungsunterricht! So spontan die Interaktion aufgemacht ist, der Schein wird gleich wieder durchbrochen durch die blinde Drohgebärde gegen die Masse. Es fehlt der persönliche Adressat, auch wenn später einer erfunden wird. Das heißt, jeder könnte gemeint sein, der bei dem Wort Ständer an mehr dachte als an den Kartenhalter, und prompt fühlen sich auch alle Lacher an-gesprochen. In diesem Zusammenhang soll über einen Körperteil unterhalb der Gürtellinie gesprochen werden, über den man ge-wöhnlich nicht spricht – ganz nebenbei deutet diese tastende Um-schreibung: "unterhalb der Gürtellinie" auch schon auf die später vorgeführte Praktik des Tiefschlags hin. Vor lauter Sprechen könnte schließlich ganz vergessen werden, um was es im Erwartungshori-zont verkrampfter Klemmer ständig geht, das ist die Welt des Ge-schwätzes. Und damit das nicht zu übersehen ist, gleichzeitig aber auch gekennzeichnet wird, auf welchen Bahnen der Ersatzbefriedi-gung sich jenes Potential der Schweigepflicht der Triebe noch äu-ßern darf, illustriert Otto die wissenschaftliche Eingrenzung, in An-führungszeichen, durch Sekunden dauernde Masturbationsbewe-gungen der Hand am Zeigestock.

Mit welcher Stringenz hier die Ersatzbefriedigung abgerufen wird, zeigt sich an der Verschiebung der Fragestellung des Aufklärungsunterrichts. Ein fiktiver Schnedermann – der kleine Mann muss sein, wozu gibt es die Psychoanalyse – ist aufgerufen, er soll die Frage beantworten, was in unserer Zivilisation das männliche Knie bedeckt. Mit dem Stichwort Zivilisation sind all die Anpassungsleistungen abgerufen, die nun am völlig nebensächlichen Objekt, dem Knie, vorgeführt werden. Es geht um den Triebverzicht: Aufklärungsunterricht! Der den Bayern als Exempel verwendende Ostfriese, er hat ihn ja schon anlässlich des Jodelns aufbereitet, führt nicht ohne Grund den Erektionseffekt der Versteifung im Mund. Gerade wenn es darum geht, zu beschreiben und vorzuführen, wie zu den Aborten gestapft wird, breitbeinig und unbeweglich. Hier wird gerade nicht die Beweglichkeit inszeniert, sondern die Fixierung an eine den Anforderungen des Körperbedarfs unangemessene Verhärtung: Mit der Versteifung pinkelt es sich schlecht. Zwar geht es nur ums Knie, das soll sich schließlich beugen, aber die Beugung meint ausnahmsweise nicht die Beweglichkeit, sondern den "aufrechten Gang". Das gebrochene Kreuz steht im Gegensatz zum aufrechten Gang, Theweleit hat den Drill des "soldatischen Mannes" auf die Verwandlung in eine Erektion des ganzen Körpers zurückgeführt. Die Beweglichkeit ist hier eine erstarrte, eine des Duckens, der Anpassung und der Aphanisis-Effekte. Sie hat nur ex negativo mit der sonstigen Maskenbeweglichkeit des Phänomens Otto zu tun, kein Wunder, endet die Aufklärungsszene in sadomasochistischen Kniepraktiken, und der Dr. Dreist liefert dann den absoluten Höhepunkt einer Fixierung an das Charakter genannte Anpassungsschema.

In unserer Zivilisation: das zitiert auch die Zwänge, die der Lehrer zu legitimieren hat, um seinem Erziehungsauftrag gerecht zu werden. Dazu passt der Zynismus, dass sich die Sexualität nicht nur im Kopf abspielen sollte – wo denn sonst in der Werbewelt? – und gleichzeitig wieder eingeschränkt wird: "Da natürlich auch. Ich zum Beispiel stell' mir grade vor ... " und die Geilheit des Zukurzgekommenen wird eindrucksvoll vorgehechelt. Hier haben wir die verklemmte Erotik der gebrochenen Kreuze, und vorgeführt wird sie an dem Ort, der sie der gesellschaftlichen Nutzung zuführt, am Golgatha des Geschlechts – wieder geht es um die Hose.

Die Einbeziehung des Publikums wird durch den fiktiven Schnedermann sowohl geleistet als auch ästhetisch entschärft, schließlich muss bei der Brisanz dieser Infragestellung ein gewisser Abstand gewährleistet bleiben. Die Schnedermann gestellte Frage wird durch einen Zwischenruf aus dem Publikum: "Hose" beantwortet, und Otto heuchelt Erstaunen: "Wieso sitzt Du jetzt da?" Dabei hatte er gar nicht in die falsche Richtung gezeigt, als er blind ins Publikum hineinfragte, das Publikum wird nur in Anführungszeichen zur Schulklasse. Dafür passt die folgende Klassifizierung besonders getreu in den vorgegebenen fiktiven Rahmen. "Freut mich Schnedermann, freut mich! Sonst so ein Schwachkopf, aber in Sexualkundestunde ganz besonders stark." Schön gesagt, als solle die Bewunderung des verklemmten Lehrers mitklingen, an dessen Koitusnachahmung vorgeführt worden war, wie man in einen solchen Bereich vordringt. Aber gleichzeitig impliziert das auch schon die Abwertung: Wer sich damit auskennt, kann innerhalb der Kriterien der Bildung nur ein Schwachkopf sein. Vergegenwärtigt wird auch die Frage, ob dieser Schwachkopf nicht das Publikum repräsentiere, aber erst nach dem Durchmarsch durch die Institution. Das Interesse am Körper ist nicht nur legitim, der Aufklärungsunterricht dient nicht nur der Aufklärung, er hat auch die Funktion der Anpassung und vermittelt die erwünschten Anleitungen, mit dem Trieb fertig zu werden, ohne ihn als anarchische, die gesellschaftliche Normierung überbordende Qualität anzuerkennen. Die sozialisierte Sexualität und ihre tatsächlichen Äußerungsformen stehen zur realen Befriedigung in einem überaus fraglichen Verhältnis. Sie leiten eher in jene Ersatzwelt der Phrasen und Werbemechanismen, die an Verzicht und Zwang anknüpfen, um schließlich das leer laufende Bedürfnis zum Köder entfremdeter Nutzeffekte umzufunktionieren – ein Potential jeglicher Manipulation.

Deutlich wird das besonders in dem Augenblick, als dem aufklärenden Sozialisationsagenten hysterisch überzogene Töne entlockt werden. Mag die Darstellung sonst an das übliche liberale Deckmäntelchen anknüpfen und sogar die Berechtigung des Bedürfnisses anklingen lassen, so ist im entscheidenden Augenblick die liberale Farce geplatzt. Es wird genau das Maß an Verklemmung reproduziert, das ein richtig angesetzter Aufklärungsunterricht unmöglich machen sollte, so fraglich er, gegenüber der Sozialisationsinstanz

Familie zu spät gekommen, immer dastehen muss. Diese Verklemmung war schon durch das Thema vorgegeben worden, es geht ums Knie, längst nicht mehr um die Sexualität. Auf diese Weise wird zum einen der Aufklärungsunterricht hochgenommen, denn als Institution taugt er gerade so viel, als ginge es nur ums Knie, zum anderen wird aber ganz klar vorgeführt, wie wenig tatsächlich zu erreichen ist, solange die gesellschaftlichen Vorgaben vorrangig sind und unangetastet bleiben. Der Rest ist nur Palaver oder Nische, wir haben es schließlich mit der Antiquiertheit des Körpers zu tun. Der gesellschaftliche Prozess geht seinen gewohnten Gang, und bevor ihn eine kritische Einsicht stören könnte, wird diese umgepolt zur Erziehung, zur Entschärfung, und im Endeffekt werden die kritischen Impulse vereinnahmt.

Warum muss diese Lehrerfigur tuntig-hysterisch in Lachen ausbrechen nach der Frage, wozu das männliche Knie tauge, und vor der Antwort: zum Niederknien. Einmal wird die schon bekannte Verschiebung auf die Nebensächlichkeit vorgeführt, die Verklemmung der Sexualität, so will es der Standard, darf von der angemaßten Progressivität nicht mehr geäußert werden. Die Phrasen dementieren, was sich am Ersatzobjekt offenbart. Andererseits ist aber wieder einmal ein Überschuss abgerufen worden, der sonst nicht zur Sprache kommen soll. Das kritische Potential einer Wahrheit des Körpers ringt hier um Worte, wenn angesprochen wird, dass die Tauglichkeit eines Organs in der Funktion dieses Organs begründet ist: das Knie dient zum Knien. Aber es dient auch, vor allen Dingen zählt das Dienen, die Unterwerfung des Triebs wird plötzlich als Grund der Verschiebung nachvollziehbar, und folgerichtig ist damit die Motivierung sadomasochistischer Ersatzpraktiken geleistet.

Die vom Phänomen Otto beschworene und souverän bezwungene Not des Geschlechts funktioniert für das lachende Publikum als Entlastung. Das Leiden der Zivilisierten wird nicht nur kurzzeitig auf diesen Stellvertreter übertragen, er muss es auch als unumgehbar bestätigen, nachdem das humoristische Kochrezept abgerufen worden ist: das Leiden im Lachen zu suspendieren. Im Publikum Humor freizusetzen, hat manches mit dem Spiel mit der ästhetischen Schranke zu tun. Die Realität war in die Illusion herein gezogen worden, aber gleichzeitig hatte ein fiktiver Schnedermann die Trennung zwischen Schein und Wirklichkeit zu bestätigen. Ein umfassendes Angebot: Wer es noch kann, wird durch den Vergleich mit den eigenen Lebensumständen Humor freisetzen, während sonst der durch die komische Darstellung fundierte Witz an der Frustration zünden mag. Und selbst das ist mehr, als ein tatsächlicher Aufklärungsunterricht im Regelfall leistet: Der Witz darf die Bedürfnisse des Menschen ernster nehmen, als das Unbehagen in der Kultur dies noch gestattet, und er entfernt sich um so weiter vom unverbindlichen Geschwätz, um so näher er sich an den dessen bitteren Ernst heranwagt.

Das Lachen des Lehrers zeigt ganz eindeutig, dass diese Autoritätsperson schon an die sadomasochistischen Ersatzpraktiken fixiert sein muss. Genau so sieht dann auch das Ergebnis dieses Aufklärungsunterrichts aus. Mit dem Blick aufs Knie kann das Verhältnis der Geschlechter geregelt werden wie in den guten alten Zeiten der Hollywood-Unterhaltung. Der Mann kniet, wenn er will, und wenn es zu Verständigungsschwierigkeiten kommen sollte, die auch ein Rekurs auf den Minnedienst nicht unbedingt ausräumen muss, benutzt die Frau ihr Knie, um ihn mit einem Tritt in die Eier von der schmerzloseren Haltung des Kniens zu überzeugen. Weil der Witz die alltägliche Gewalt und die Verkennung des menschlichen Bedürfnisses zur Voraussetzung hat, erinnert er an die Aufgabenstellung einer gewaltfreien Regelung des Verhältnisses der Geschlechter.

Während die Sendung für das aufgeweckte Kind das destruktive Potential vorgeführt hatte und gerade der Ort der verschiedensten gesellschaftlichen Deformationen umkreist worden war, führt die Karnevalsszene ihre Spätfolgen und Dauerschäden vor. Karneval und Lachkultur gehörten einmal zusammen, aber das hat sich längst gewandelt. Gerade weil im Phänomen Otto die Lachkultur wieder quicklebendig geworden ist, muss die Demaskierung reaktionärer Funktionen des Karnevals besonders zwingend sein. Durften früher einmal die überbordenden revolutionären Kräfte der Subkultur eines Gemeinschaftswesens eine Institution ausprägen, in der alle Norm und Anpassung in der ungehemmten Äußerung aufgesprengt worden sind, so ist der Karneval längst vom anarchischen Volksfest zu einer Anpassungsagentur umgebogen worden. Die Freude an der Verkleidung degenerierte zum Konsum, und die freie Äußerung, auch wenn die Kritik gelegentlich Luft holen darf, gefällt sich häufig genug an der reaktionärsten Infragestellung der der Moderne angemessenen Einsichten. In den meisten Fällen kommt nicht mehr zustande als die Bestätigung des Rudel- und Uniformverhaltens.

So traurig der Karneval entsprechend den gefragten Verdummungsdosierungen pervertiert werden konnte, so erkenntnisstimulierend wirkt Ottos Persiflage, als hätte er schon vor Sloterdijk die richtigen Folgerungen aus einer "frechen Sozialgeschichte" gezogen. Die Lehrerfigur war lediglich in der Darstellung des Sichvergessens als zu kurz gekommen und kastriert aufbereitet worden. Der nun vorgespielte Dr. Dreist lebt nur aus diesen Deformationen: Er trägt alle Zeichen der erworbenen Debilität, er zeigt den Gestus der Gewohnheitsverhärtung und die Mimik des angepassten Deppen.

Institutionalisierte Büttenreden können kritische Einsichten zur Sprache bringen, das ergibt sich aus dem traditionellen Verweisungszusammenhang. Aber sie müssen es längst nicht mehr, wenn das Übermaß einer Schulung zur Unmündigkeit der Kritik schon den Status des Anachronismus zuweist. Auch ganz reaktionäre Büttenreden sind gang und gäbe, was gar nicht so verwunderlich ist, wenn man sich das repräsentierte Uniformgehabe unter Marschmusik einmal genauer ansieht. Greifbar werden nicht nur die Interessen gesellschaftlicher Anpassungsagenturen, die zu Gelegenheiten, die der Kalender vorgibt, Politiker und Prominente in die Nähe des Volkes bringen – Politiker zum Anfassen –, um ein abzurufendes Repräsentationsbedürfnis ganz feudal mit den eigenen Zielvorstellungen zu verbinden. Dazu gehört auch das Entlastungsbedürfnis breiter Volksschichten, besonders die Art und Weise, wie es von der Regenbogenpresse geschürt wird. Die im parlamentarischen System offensichtlich werdende Dauererscheinung der Infragestellung und des Kritikbedarfs – keine neue Erfindung, nur darf das nicht mehr verheimlicht werden – führt zu dem Bedürfnis, klare Positionen und sichere Repräsentanten gegen die alltägliche Unsicherheit setzen zu wollen.

Benjamin hat, sogar noch rechtzeitig, darauf hingewiesen, dass der Faschismus den Massen beileibe nicht zu ihrem Recht, aber immerhin zu ihrem Ausdruck verholfen habe, und eben diese Verkehrung der wirklichen Infragestellung, die Lenkung zur Entlastung drängender Fragen durch Ersatzbefriedigungen – Marschmusik und Rudelgefühle – ist heute bis in den Karneval abgesackt: Aber der steht nur stellvertretend für all die Gelegenheiten, bei denen sich die zentripetale Bewegung der Masse äußern darf. Die heutigen Karnevalssitzungen und Umzüge haben nichts mehr mit den von Bachtin oder Wind festgestellten revolutionären Unterströmungen des kulturellen Prozesses gemein. Nein, sie erinnern an Freizeitfortbildungskurse in Sachen Anpassung und Stillstellung. Und wer dann als Feindbild der Büttenspäße präsentiert wird, der linke oder grüne Miesmacher, kann nicht mehr als Vertreter der eigenen Unsicherheit und Angst erkannt werden, sondern nur noch als Nestbeschmutzer, dem daran gelegen sein muss, das Entlastungsbedürfnis zu stören und den Hang zu den lebensnotwendigen Illusionen zu sabotieren.

Was so theoretisch nicht stehen bleiben darf, ist aus Ottos Darstellung des Dr. Dreist gewonnen worden, hier sind die umfassenden Wechselverhältnisse zwischen Kritik und Verblödung – sogar für den unterdurchbluteten Zuschauer – in kleinen Schritten für den Nachvollzug aufbereitet. Die angesprochenen Themen sind brisant und greifen Diskussionen auf, die seit Jahren am Laufen sind. Es geht darum, die Einsicht neu zu durchdenken, dass der Mensch zur Natur in einem Verhältnis der Partnerschaft stehen müsse und nicht in einem der Ausbeutung. Und es wird auf die Folgen für den Menschen geblickt, weil eine Lösung immer noch nicht in Reichweite ist, weil aus der Not dieses Jahrhunderts und der wachsenden Furcht, die Erde unbewohnbar zu machen, konkrete Taten folgen könnten. Die chemische Industrie taugt da nur als gutes Beispiel, sie steht stellvertretend für all die Missverhältnisse, die das Manko eines geregelten Verhältnisses von Mensch und Natur ausmacht. Und da von den Berichten des 'Club of Rome' bis zu 'Global 2000' genügend Argumentationsmaterial vorliegt, interessiert hier nur, wie an der Persiflage einer diese Problematik herunterspielenden Büttenrede die Gründe für die zynische Handhabung des besseren Wissens offensichtlich werden. Das politische oder ökonomische Interesse ist viel zu klar, als dass es noch extra betont werden müsste, viel wichtiger scheint der vorgeführte Körperpanzer: die Fundierung des Prinzips Haben, der Verdinglichung und des Wachstumsfetischismus.

Das ist nicht nur die Kopie eines ideologischen Phrasendreschers, so lustig auch schon eine Kopie sein könnte, die auf der inhaltlichen

Darstellung durch das Gegenteil beruht, während sie in der Form an die Komik der Nachahmung anknüpft. Aber das ist schon viel mehr: die gestisch-mimische Ausdrucksgestalt eines gesellschaftlichen Interesses, festgemacht an der Darstellung des überangepassten Krüppels, wobei gleichzeitig auch angedeutet wird, dass diese Form der Verkrüppelung einhergeht mit dem Sozialisationsauftrag, sie weiterzugeben zu müssen. Die zynische Handhabung einer auf die Änderung des Gegebenen zielenden Einsicht findet sich überall dort, wo der Status quo erhalten werden soll. Das kennzeichnet die Politik des Geschwätzes. Es geht nicht mehr um die Wahrheit von Argumenten, sondern nur noch um die mit den entsprechenden Honoraren verbundene Qualität der rhetorischen Wendungen. Im Phänomen Otto werden die üblichen Beruhigungs- und Identifikationsangebote am Körper des Sozialisationsagenten demaskiert. Die Funktion des Körpers, der verkrüppelt verhärtete, Ersatzerektionen ausgelieferte Körper stellt den wahren Kommentar zu dem Angebot der Anpassungssprüche. Gerade wenn so ein professioneller Debilius argumentiert, wie notwendig es doch sei, den Körper mit den alltäglichen Giften zu imprägnieren, widerlegt ihn der Blick auf seinen Körper.

Otto setzt eine Karnevalsmütze auf, zieht das Hemd aus der Hose, lässt die Hosenträger herunterhängen und stapft zu den nervtötenden Klängen des Hallamarschs die Rampe entlang. Die Erwartung: rutscht die Hose jetzt? wird abgelöst durch das Staunen über die artistische Leistung dieser Körperdarstellung. Welche Beweglichkeit muss eingebracht worden sein, um den flexiblen Otto im starren Dr. Dreist aufgehen zu lassen. Die Beine und der weggestellte Hintern sind ganz zum Parademarsch geworden, zackig steif, gehgestört rhythmisch, und der schräg vornüber geneigte, starre Oberkörper macht schon den Eindruck, als habe er nichts mehr mit dem Bewegungsapparat zu tun. Dazu ein völlig verkrampfter Gesichtsausdruck, zwischen Panik und Grinsgrimasse, während der angewinkelte Arm einem Automatismus unterworfen ist. Es ist nicht zu entscheiden, ob die Bewegung dem Wiederholungszwang des Salutierens gehorchen muss oder ob die Bewegung umgefälscht werden soll, um dem Publikum einen Vogel zu zeigen, und dabei an der Zensur scheitert. Alles zusammen zitiert den von Theweleit untersuchten Körper des "soldatischen Mannes", der steife Steiß, die gestreckte Beinbewegung, der Automatenarm und das verkrampfte

Gesicht, eine Darstellung der Immobilität, die den Drill durchlaufen hat, der den aus Hass und Destruktion gebildeten Panzer zur Verfügung stellt. Erst der Drill liefert die Krücken, die gegen die durch die Lebensangst ausgelöste Versteinerung noch eine bedingte Bewegung ermöglichen; der vollendet sozialisierte Debile ist ein Prothesenmensch, der sich für seine Maske halten muss.

Nur nebenbei soll noch einmal auf die Freude an der Beweglichkeit und an den Darstellungskünsten des Komikers Otto hingewiesen werden, gerade der Gestalt gewordene Erzeuger von Männerphantasien steht in einem gegenbildlichen Verhältnis zur sonstigen Maskenbeweglichkeit. Er liefert einen Grenzwert, der den Bedarf an Komik und befreiendem Lachen schon ganz nah an die zugrunde liegende, im alltäglichen Drill stabilisierte Aggression heranführt. Da geht es nicht mehr um eine Demaskierung des Uniformbedürfnisses, nicht um die im Publikum abzurufende Anpassung, sondern um den Repräsentanten des Drills. Das Kanonenfutter scheint dann nur noch Nebensache, Kubrik's "Dr. Seltsam" ist gefragt, ein Manager des Kriegs. Und der hat manches gemein mit einem Debilius vom Karnevalsverein, der für die chemische Industrie plädiert und eine Tradition abruft, die vom Senfgas bis zum Dioxin reicht: "Das schafft Natur alleine nie! Wer hilft ihr, wir von der Chemie."

Neben der Körperdarstellung taugt auch der Mainzer Dialekt als Signal komischer Wirkungen, aber er liefert eher die harmlose Oberfläche der Komik, die tatsächlich eine Form der Ideologiekritik aufbereitet, die nichts mit der blödelnden Lust am Unsinn zu tun hat. Die Ideologie wird derart ernst beim Wort genommen, dass ihr Vertreter als trauriges Opfer nur noch zu verlachen ist. Ob Schwermetall im Salat, DDT in der Muttermilch oder Östrogene im Kalbfleisch, das muss alles sein Gutes haben, die Alltagsästhetik ist Trumpf. Vom Waschzwang bis zur Peinlichkeitsdressur ist alles abgerufen, wenn die Qualitäten schön, sauber und adrett zu Fetischen gegen die mythische Angst zu werden haben. Und wenn es den Erfolg einer Geschlechtsumwandlung mit sich bringt, eine gewaltig reinschlagende Pointe, muss das gar nicht von Übel sein. Für den in seiner frühkindlichen Entwicklung Gestörten ist es ein Plus, wenn er dann "mit sich selber schmusen" kann. So scheint es schon wieder folgerichtig, dass das Wichtigste an der DDT verseuchten Muttermilch darin zu sehen sein soll, "dass des Zeug net stinkt", genauer kann der Bezug auf das gebrochene Urvertrauen gar nicht angegeben werden. Mit der chemischen Geschlechtsumwandlung sind noch einmal Restbestände der im Markenzeichen Otto begründeten Zweigeschlechtlichkeit abgerufen. Aber es ist selten in solcher Eindeutigkeit vorgeführt worden, auf welchem dreisten Bedarf die Latenzen beruhen müssen, die von diesem Markenzeichen jahrelang mobilisiert werden konnten.

Die Sprüche und Sprachspiele des persiflierten Sozialisationsagenten der Chemie werden nicht nur durch solche Demaskierungen verfremdet, der im vorgeführten Körper materialisierte Schwachsinn führt den blinden Karnevalsautomatismus vor. Bezeichnend ist die Darstellung: Wenn nach jedem Gag die Töne eine Trompeten nasal imitiert werden, bewegen sich die Arme im Rhythmus auf und nieder, ein bisschen Unterleibsbetonung ist dabei. Dieselben nasalen Trompetentöne führen nach der imaginierten hormonellen Umwandlung – Otto scheint schon betonen zu müssen, wie fremd und lustig diese Szene sein soll, und durchbricht nebenbei die Illusion, wenn er sich das Lachen nicht mehr verkneifen kann: Das ist eine zeitbedingte Modifikation des Markenzeichens – zu einer Irritation der automatisierten Armbewegungen, und kurz wird der beschworene chemische Busen begrabscht und begriffen. Und ums Begreifen geht es in dieser Show: Das Kontrastprogramm zur alltäglichen Unbeweglichkeit hat als sauber integrierten und damit potenzierten Kontrast die Darstellung eben dieser Unbeweglichkeit mit einbezogen.

Der Abschluss der Dreistszene knüpft am Humorbedarf an. Der bisherige Verlauf der Show macht es sinnfällig, dass das Unbehagen in der Kultur darauf zurückgeführt werden muss, dass es schließlich nur die Rückseite dieser Kultur ist. Und das Publikum ist direkt angesprochen, gerade weil der Dr. Dreist von der Vielfalt der Chemie schwärmen darf, wenn es um die diversen Ursachen des Fischsterbens geht und um die Vielfalt der Wucherungen in den deutschen Gewässern. Das sind Kontraste: Die Metaphysik der Beweglichkeit, des Strömens, steht gegen den kulturellen Erfolg, wuchernde Geschwüre aus der verseuchten Kanalisierung zu zaubern. Wie gefährlich muss so einem Debilius alles Fließende sein, wenn das kreative Strömen der Wünsche, die Regenerationsfähigkeit von Traum und Kunst, an die Kulturkrankheit Krebs gebunden werden. "Dem Fische aber sei gesagt, Tumor ist, wenn man trotzdem lacht." Das Sprachspiel stellt einen unerwarteten Vergleich her, sei es, dass die schmarotzende Rolle des Humors noch nebenbei bloßgestellt wird, sei es, dass die durch den Reim hergestellte Nähe von Tumor und Humor auf das Missverhältnis verweisen soll, das den reaktionären Karneval auszeichnet.

Über die Fähigkeit zum Humor ist schon genug geschrieben worden. Mag das abschließende nasale Trompeten im begeisterten Beifall untergehen, diese Form des Humors ist nur Abfuhrleistung und ersetzt den täglichen Bedarf an Beruhigungsmitteln. Ein verknöcherter Debiler wurde vorgeführt, und die Leute durften sich am Kontrast zu ihrer augenblicklichen, wachen Beweglichkeit freuen. Und wenn dem Phänomen Otto Gerechtigkeit widerfahren soll, darf nicht vergessen werden, was jenseits des verblödeten Erwartungsschemas noch alles zur Sprache kommen kann. Das abschließende Schlagerfestival der schon besprochenen 'Variationen' macht den Schwachsinn noch einmal dingfest. Es trifft nicht nur den Schlager, sondern die gesamte Werbe- und Konsumindustrie, und es führt ganz nebenbei vor, welches Wechselspiel von Frustration und Streicheleinheit für den Otto-Konsumenten wichtig ist: Epilappy, aber happy!

Ausklänge

Die Fernsehshow begann mit der fingierten Selbstansage des "Komikers" Otto, und bezeichnend war, dass er von dem furchtbaren Traum erzählen musste, den er in der vergangenen Nacht gehabt hatte. Im Traum hörte er eine Stimme: „ . . . wiederholen wir noch einmal den Traum der letzten Nacht." Vordergründig, mögen die Sparmaßnahmen der Fernsehanstalten angesprochen sein, tatsächlich lässt diese Einführung schon die traumhaften Bedingungen der folgenden Show anklingen. Der furchtbare Gehalt ist durch die dem Alltag in ewigen Wiederholungen vorgesetzten Produktionen der Traumfabrik gegeben – dagegen soll die Show ein Regulativ zur Verfügung stellen. Die eingesetzte Traumarbeit bereitet das Medium und die Bereitschaft auf, die zündendsten Witze aus der Zerstörung des Wiederholungszwangs abzuleiten. Die Show endet damit, dass der Star Otto gegen eine Übermacht der Verblödung, gewonnen hat. Als Produkt der Traumfabrik war er aus einem Garderobenschrank aufgetaucht, als erschöpfter aber befriedigter Mensch steigt er in den Schrank zurück.

Von Otto könnte der Konsument manches lernen, auch Otto ist ein Sozialisationsagent. Er bereitet ein Gegenbild zur üblichen, mediengerechten Narzissmusschulung auf und ist trotzdem einem Blick in den Spiegel vergleichbar: Das erleichtert den Lernerfolg. Ein Geheimagent der Kritik hat eine neue Funktion des Starkults ausgeprägt, in der die fundamentale Kritik am Verhältnis der Geschlechter, an Verhältnis der Generationen, am Verhältnis von Kultur und Natur eingebracht worden ist.

Und da ist dann bezeichnend, wie, von wenigen Ausnahmen abgesehen, die intellektuelle Reaktion auf das Phänomen Otto aussieht. Spricht man Studenten oder Akademiker auf Otto an, so scheinen ihn die meisten zu kennen, aber die Reaktion ist: der grässliche Otto, oder: ja, ja, eben so ein Blödel. Reaktionen, bei denen oft recht deutlich erkennbar ist, dass die Leute Otto genießen, dass auch hier ein Bedarf an Erleichterungen vorliegt, aber es dann bei ihrem "Niveau" schon wieder unstatthaft ist, so etwas zu zugestehen.

Das Etikett Blödel verdeckt für diese Rezipienten das unbehagliche Gefühl, sich diesen Spaß, weil er auf dem Potential der Beschissenheit aufbaut, nicht mehr erlauben zu können, ihn nicht mehr nötig haben zu wollen. Und einen ähnlichen, nur komplementären Effekt hat das Etikett Blödel beim Massenpublikum einer Life-Show: Es verdeckt den ideologiekritischen und politischen Bedarf. Dazu passt die quer durch den Medienwald sprießende Ottoverblödung: Die Meldungen und Reportagen appellieren an die primitivsten Erwartungen, um den Rest zu überspielen. In allen Fällen zeigt die Reaktion nur, wie ausgefeilt die Rolle des Geheimagenten erarbeitet worden ist, ob eine Bild-Schlagzeile oder eine Fernsehansage, die Reduktion auf den Blödel ist die gleiche.

So ist es auch zu erklären, dass die ständigen Publikumsbeschimpfungen zum Phänomen Otto dazu gehören müssen. Das reicht bis zu 'Das Buch Otto', das als Bilderbuch für Analphabeten ausgegeben wird, für Leute, die damit ihr erstes Buch, im Struwwelpeter-Format, erwerben. Es sind natürlich immer die anderen gemeint, selbst steht man drüber. Und das ist lustig, gerade weil die eigenen Fehler besonders verabscheuungswürdig sind, wenn man sie am anderen entdecken darf.

Dazu passt der Ausklang der zur Show gehörenden Platte. Die 'Variationen' enden mit der Frage: "Kenn' Sie BAP?" Diese Frage ist eine Mobilisierung, das förmliche Sie verbunden mit dem vorausgegangenen Kitsch erinnert auch daran, dass eine der zur Zeit erfolgreichsten deutschen Pop-Gruppen Texte aufbereitet, die dem Potential des Phänomens Otto entsprechen können. Es liefert die Bestätigung: Kenn' wir, so progressiv sind wir. Und dann folgt die Streicheleinheit, die Platte noch ein paar hundertmal anzuhören. Aus: "verdamm' lang her" wird: "das schmeckt nach mehr."

Und als letzter Ausklang ist noch 'Das Buch Otto' zu zitieren. Der Vertrag wird abgerufen, wie immer in solchen Fällen, wird die schöne Illusion durchbrochen, um ans Geld zu erinnern, um das Wechselverhältnis aus Frustration und Streicheleinheit an die gesellschaftliche Instanz zurück zu binden. "Ich widme dieses all jenen Frauen, Männern und Kindern, die den beispielhaften Mut und die vorbildliche Kraft aufgebracht haben, es zu kaufen. Mein Leben wäre ärmer ohne sie." Klar, es geht ums Geld und dafür darf gelacht werden, aber es steht geschrieben, schwarz auf weiß! Vielleicht würde der Konsument wirklich einen beispielhaften Mut aufbringen müssen, wenn den kritischen Gehalten Glauben geschenkt würde, wenn man auf die Idee käme, sie auch noch ins Leben zurückzuführen.

Am 28.4.1985 wurde die mit dem Adolf-Grimme-Preis ausgezeichnete Show wiederholt. Bezeichnenderweise entfiel der auf die Traumarbeit zielende Teil der Ansage.

Literaturverzeichnis

Adorno, Theodor W., Über den Fetischcharakter in der Musik und die Regression des Hörens, in: Zeitschrift für Sozialforschung, hg,. v. Max Horkheimer, Jahrgang 7, 1938, (Fotomechanischer Nachdruck München 1980)

Über Jazz, in: Zeitschrift für Sozialforschung, hg,. v. Max Horkheimer, Jahrgang 5, 1936, (Fotomechanischer Nachdruck München 1980)

Adorno, Theodor W. und Horkheimer, Max, Dialektik der Aufklärung, Frankfurt am Main 1984

Benjamin, Walter, Gesammelte Schriften, hg. v. Rolf Tiedemann u. a., Frankfurt a. M. 1972 – 1982

Bergson, Henri, Das Lachen, Zürich 1972

Blumenberg, Hans, Arbeit an Mythos, Frankfurt am Main 1979

Broch, Herrmann, Massenwahntheorie, Frankfurt an Main 1979

Canetti, Elias, Masse und Macht, Düsseldorf 1981

Elias, Norbert, Über den Prozess der Zivilisation, Frankfurt am Main 1977

Foucault, Eichel, Sexualität und Wahrheit (Der Wille zum Wissen), Frankfurt am Main 1977

Freud, Sigmund, Massenpsychologie und Ich-Analyse, Frankfurt am Main 1980

Die Traumdeutung, Frankfurt am Main 1980

Der Witz und seine Beziehung zum Unbewussten, Frankfurt am Main 1979

Habermas, Jürgen, Strukturwandel der Öffentlichkeit, Darmstadt und Neuwied 1973

Technik und Wissenschaft als 'Ideologie', Frankfurt am Main 1979

Haug Wolfgang Fritz, Kritik der Warenästhetik, Frankfurt am Main 1971

Haug, Wolfgang Fritz (Hrsg.), Warenästhetik. Beiträge zur Diskussion, Weiterentwicklung und Vermittlung, ihrer Kritik, Frankfurt am Main 1975

Henne, Helmut, Vortragsveranstaltung im Bonner Wissenschaftszentrum, 'Die Sprachwelt der Jugend von heute', September 1983

Jolles, André, Einfache Formen, Tübingen 1963

Das Komische, Poetik und Hermeneutik VII, hg. v. Wolfgang Preisendanz und Rainer Warning, München 1976, insbesondere die im Text genannten Autoren

Lacan, Jacques, Schriften I – III, hg. v. Norbert Haas u. a., Olten und Freiburg im Breisgau 1973 – 198C

Lersch, Philipp, Philosophie des Humors, in: Der Mensch als Schnittpunkt, München 1969

Plessner, Helmuth, Lachen und Weinen – Eine Untersuchung nach den Grenzen des menschlichen Verhaltens, Bern 1961

Ritter, Joachim, Subjektivität, Frankfurt an Main 1974

Sloterdijk, Peter, Kritik der zynischen Vernunft, Frankfurt am Main 1983

Theweleit, Klaus, Männerphantasien I und II, Hamburg 1980

Wind, Edgar, Kunst und Anarchie, Frankfurt am Main 1979

Die wichtigsten Anstöße zu einer Theorie des schnellen Brüters verdanken wir Walter Benjamins Erkenntnisbegriff: "Jetzt der Erkennbarkeit". Im Rahmen der Benjamin-Monographie von G.M. kann das theoretische Fundament aufgesucht und nachvollzogen werden. "Die erkenntnistheoretischen Grundlagen der Ästhetik Walter Benjamins und ihr Fortwirken in der Konzeption des Passagenwerks", Frankfurt am   Main, Bern, New York 1985.

Das Manuskript entstand in der Zeit vom November 1983 bis zum Juni 1984 und erschien im Sommer 1985 in einer Auflage von 250 Exemplaren bei der EXpress Edition Berlin.

Text auf der Rückseite

Wer über Otto lacht,
will nicht wissen warum!

Wer aber wissen will, was es bei Otto zu lachen gibt,
wird das (philosophische) Staunen lernen.

Welche Beziehungen von Witz, Komik und Humor, Ideologiekritik,
Massenpsychologie und Warenfetischismus haben sich im Markenzeichen Otto zusammengefunden; wie wirken sie aufeinander und
welches gesellschaftlich bestimmbare Bedürfnis wird in ihnen eingelöst?

Nach der theoretischen Klärung dieser Fragen kann eine Analyse
der Fernsehshow "Hilfe, Otto kommt!" die Ergebnisse am Material
absichern. Deutlich werden soll, welches kritische Potential in die
Techniken eines "Blödels" eingegangen ist, aber auch, wie es entschärft wird, wie es darin eingeht.

Der Fundus der Witze, Sprachspiele und Persiflagen könnte zum
Trauern Anlass geben, zum vergrübelten Brüten über die Narbenbildungen der Sozialisation. Doch soweit kommt es nie, die Show
folgt den Gesetzmäßigkeiten der Traumarbeit, hier werden die
Wunscherfüllungen blitzschnell umgesetzt. Angst und Verstümmelung bleiben nicht nur bei "der Suche nach der verlorenen Frechheit" auf der Strecke, im Rausch eines Wechsels der Masken tobt
sich eben diese Frechheit aus.

Der schnelle Brüter: Was auf den ersten Blick als totale Konfusion
erscheinen mag, hat mit einem Chaos so wenig zu tun, wie die
Kernfusion. Der schnelle Brüter – inspiriert durch Walter Benjamins Begriff "Jetzt der Erkennbarkeit" – bezeichnet die nach dem
Vorbild der Witz- und Traumarbeit ablaufende Technik, mit der die
disparatesten Zitatmaterialien aus Werbung, Unterhaltung, Konsum
und Bildung zusammen gezwungen werden, um im befreienden Gelächter erst zu zerplatzen: Die Ottofusion.